雪国の四季を生きる鳥
Bird Watching Guide

新潟県野鳥観察ガイド

石部 久 監修・著

岡田 成弘　桑原 哲哉 著

新潟日報事業社

雪国の四季を生きる鳥

目次

雪国の鳥をたずねて……4
- ■ 雪国の自然と鳥の生態 …………… 6

春を生きる鳥 ………… 16
- ● 佐渡島 ……………………… 18
- ● 鳥屋野潟公園 ……………… 20
- ● 角田山 ……………………… 22
- ● 魚野川 ……………………… 24
- ● 上堰潟 ……………………… 26
- ● 妙高高原 …………………… 28
- ● 松之山 ……………………… 30
- ● 奥只見銀山平 ……………… 32

初夏を生きる鳥 ……… 34
- ■ オオルリとキビタキ ……… 36
- ● 佐梨川渓谷 ………………… 38
- ● たきがしら湿原 …………… 40
- ● 湯沢高原 …………………… 42
- ● 浅草岳山麓 ………………… 44
- ● 鳥屋野潟 …………………… 46
- ● 奥胎内渓谷 ………………… 48
- ● 弥彦山麓 …………………… 50

夏を生きる鳥 ………… 52
- ● 笹ヶ峰高原 ………………… 54
- ● 妙高三山 火打山 …………… 56
- ● 瓢湖 ………………………… 58

秋を生きる鳥 ……… 60

- 山北海岸笹川流れ …………… 6 2
- 鳥屋野潟公園 ………………… 6 4
- 阿賀北水田地帯 ……………… 6 6
- 山本山高原 …………………… 6 8
- 渡り …………………………… 7 0

初冬を生きる鳥 …… 7 2

- 福島潟 ………………………… 7 4
- 朝日池・鵜ノ池 ……………… 7 6
- 瓢湖 …………………………… 7 8
- 鳥屋野潟 ……………………… 8 0
- 雪国で越冬する
  ハクチョウの生活 …………… 8 2
- カモの観察入門 ……………… 8 4

冬を生きる鳥 ……… 8 6

- 飯豊連峰山麓 ………………… 8 8
- 五十嵐川・八木ヶ鼻 ………… 9 0
- 佐潟 …………………………… 9 2
- 寺泊港・出雲崎港 …………… 9 4

鳥の世界へ ………… 9 6

- 鳥の世界へ …………………… 9 6
- 鳥の生活 ……………………… 9 8
- 鳥の生息状況を
  知るための用語 ……………… 1 0 0
- 日本の鳥類
  新潟県鳥類リスト …………… 1 0 2
- 野鳥や自然に関する施設 …… 1 0 7
- 和名索引 ……………………… 1 0 8

003

雪国の鳥をたずねて

Aquila chrysaetos　Golden Eagle　イヌワシ（タカ科）

雪国の自然と鳥の生態　　　　　　　　　　　　*Dendrocopos major*　アカゲラ（キツツキ科）

雪国の春と鳥

　春の訪れとともに、野に山に光はあふれ、水は息を吹き返したかのように、かろやかな音をたて、山から海へとくだり、流れは多くの生命を育む。
　雪国の光量の増大は、多くの生命現象を活性化させ、光は鳥たちの行動を激変させる。秋から冬、早春までの期間、個体生命の維持と存続のため、ひたすら生きてきた鳥たちは、目から入った光刺激により生理は変化し、繁殖行動へと自らを駆り立てていく。
　日本には633種の鳥が、適応する場所や時期を決めて生息している。そのうちの436種を新潟県では記録する。北半球に増す春季の光量が契機となり、すべての鳥の繁殖活動は始まる。繁殖適地を求め、留まるもの、南から北へ、低地から高地へと、鳥は繁殖のために移動する。

Strix uralensis　フクロウ（フクロウ科）　　　　　　　　　　　　　　　　雪国の自然と鳥の生態

　3月半ば、海辺や平野、山地に越冬していたジョウビタキ、ツグミ、カモ類など冬鳥グループは、シベリアのタイガの森や極北ツンドラの湿地を目指して渡去する。4月には、ミユビシギやトウネン、キアシシギなど、シギ・チドリ類が、南方から極地などに移動する群を海辺、砂浜で見ることができる。波打ち際で、食物を捕りながら、旅鳥グループは目的地に向けて飛行する。オオルリやキビタキなど夏鳥グループは、南国の越冬地から日本の広葉樹の森に渡ってくる。大量の昆虫が発生する時期に合わせ、適地で繁殖活動を展開する。渡りは多量のエネルギーを必要とする。渡りのルートは、安全と食物確保が可能な海岸林や河畔林、樹木が生育する潟沼湿地で見ることができる。4月半ばには、都市公園や住宅地樹木に、渡り途中のオオルリやコマドリなど鮮やかな羽色の小鳥と出会うことができる。

雪国の自然と鳥の生態　　　*Halcyon coromanda*　　アカショウビン（カワセミ科）

雪国の初夏と鳥

　雪国の初夏は、草や木が葉を広げ、植物の生産活動は最高値に達する。この柔らかな若葉に、シャクガなど昆虫の幼虫が大量に発生し、それぞれの生態系に生息するすべての鳥が、虫を食物として繁殖活動を開始する。

　オスは食物資源の確保のため、いち早く繁殖適地に飛来し、なわばり形成のさえずりを行う。オオルリやキビタキなど、高音で長く複雑なさえずり、青や黄色、白い斑紋の特徴的な羽色は、鬱蒼（うっそう）とした森のなかでつがい相手を見つけるために進化した。メスは、オスの発する鳴き声をたよりにおおよその位置を知る。オスの際立つ羽色は込み合う緑葉のなかに存在を誇示している。

　茫洋（ぼうよう）とした大自然の中で、存在の小さな個体が配偶者に出会うことは容易なことではない。

Cyanoptila cyanomelana　オオルリ（ヒタキ科）　　　　雪国の自然と鳥の生態

　何とか配偶者と出会うように、独特な羽毛紋様、鳴き声、行動様式を適地生態系のなかで確立し、食物資源を確保できるよう、生態的地位を獲得してきたのである。
　繁殖するためには、食物確保は必須である。種が、どのような食物を、どこからどのように取り出すのかによって、渡る時期や繁殖開始など行動は異なっている。フクロウやカワガラスなど、一年を通して同じ場所で生息している留鳥は、繁殖開始が早く、5月初めにはすでに幼鳥が巣立っている。樹木の葉にひそむ虫を主な食物とするオオルリなどヒタキ類は、展葉の時期に合わせて育雛期に入る。カワセミ科アカショウビンは渡来も繁殖開始も比して遅い。ブナ林沢すじにヤマアカガエルやトウホクサンショウウオなど、食物資源が個体数を増し、昆虫類も多くが出そろう時期と、アカショウビンの繁殖活動は重なっている。

雪国の自然と鳥の生態　　　　　　　　　*Tarsiger cyanurus*　　ルリビタキ（ヒタキ科）

雪国の夏と鳥

　雪国が盛夏に向かう頃、羽毛をまとった鳥は、暑い日差しをさけて生活する。羽毛をもつため汗を出して体温調節をすることができない鳥は、夏季の主な行動は朝晩に限られる。シジュウカラなどは幼鳥が巣立ちすると、気温の低い樹木のなかで巣外給餌を行い、幼鳥は生活様式を学習する。幼鳥の声が茂みから聞こえ、林内はにぎやかになる。多くの鳥は1年に1度、換羽する。遠くに飛行する必要がなく、隠れる場所が多いこの時期に、多くの種は羽を抜けかえる。
　高い山で繁殖するルリビタキ、ユマドリ、カヤクグリは、冷涼な繁殖地での虫の発生はおそく、活動は低地よりもおそい。ライチョウの雌親は、7月下旬に生まれたばかりの雛をハイマツ群落から連れだす。残雪が解けだす採食地に、母子群で高山植物の芽をついばんでいる。

Pandion haliaetus　ミサゴ（ミサゴ科）

　日差しの強い夏季は、適当な広い空間をもつ開放環境と、多量の水が存在する河川河口や海辺に多くの鳥が集まっている。これら鳥の群集は、巣立ちした多くの若鳥と成鳥とから構成されている。ウミネコなどのカモメ類やカルガモなどカモ類の群の近くには、ミサゴやハヤブサなど猛禽類が止まり、河川生態系の独特の鳥類群集を見ることができる。
　ミサゴはタカ目ミサゴ科の猛禽で、上空を飛行しながら魚を狙い、水に飛び込んで急襲する。汽水域特有の大型の魚が生息する夏の河口には、ミサゴ5、6羽が集まり、流木や水辺杭、河畔林に止まっている。巣立ちした若鳥が狩りを学習する風景である。
　大小多くの鳥が群れる河口にはタカ科のオオタカ、ハヤブサ科のハヤブサなどが飛行し、強大な飛翔力を使って、夏の海辺や河口で鳥を狩る捕食行動を展開している。

雪国の自然と鳥の生態　　　　　　　　　　　　　　　　　　*Accipiter nisus*　ハイタカ（タカ科）

雪国の秋と鳥

　初秋の風に稲の穂が揺れる頃、生産性の高いブナ科広葉樹で構成される雪国は、山地の森も、平野の草や木も、大量に実をつける季節になる。雪国の秋は食物資源が多くなるにも関わらず、夏鳥や旅鳥は南へ向けて去って行く。一方、北方からは冬鳥が渡ってくる。

　春季に渡来したセンダイムシクイなどムシクイの仲間や、キビタキ、コサメビタキなどヒタキ類は、南国に向けて大移動を開始する。樹木に生息する多量のシャクガなど昆虫類が、生産活動を終えた葉からいなくなり、樹木依存型の鳥類は食物が減り繁殖地から出ていく。

　両生類や爬虫類、昆虫に食を依存していたサシバ、ハチクマ、チゴハヤブサなどの猛禽も、9月20日頃には数百羽の群で大移動する。長い距離を移動するため、サシバなど猛禽は山の斜面

Aquila chrysaetos　イヌワシ（タカ科）　　　　　　　　　　　　　　　　　　　　　雪国の自然と鳥の生態

　から発生する上昇気流で高度をとり、上空を流れる風に乗り継いで数千キロを渡っていく。夏鳥と入れ替わるように、冬鳥のジョウビタキやツグミ、アトリやシメなどが、またマガモやコハクチョウなどの水禽類が、越冬のためシベリアや極北ツンドラから秋季に渡ってくる。
　山地森林では、猛禽のハイタカが、渡ってきたマヒワやアトリなど、群をねらって狩りをする捕食行動をみることができる。6月初旬に巣立ちしたイヌワシ幼鳥は、120日を過ぎる頃には気流をとらえ、高空まで帆翔(はんしょう)する。山地の秋はイヌワシ親子が紅葉したブナ林上空を連なって飛行する。長時間の連続飛行が可能になると幼鳥は親鳥に追われ、縄張りから出ていく。
　イヌワシやクマタカなど大型猛禽は、晩秋には繁殖のための縄張り誇示行動を開始する。雪国の短い秋は、移りゆく次の季節に向けて、鳥たちの生活行動を大きく変えていく。

雪国の自然と鳥の生態　　　　　　　　　*Megaceryle lugubris*　　ヤマセミ（カワセミ科）

雪国の冬と鳥

　雪国の冬は、地表の多くの食物資源を雪がうずめる。雪景色のなかで露出しているものは、葉を落とした落葉広葉樹の樹幹と枝、川面の流れとわずかに見える岸辺、スギなどの常緑針葉樹林だけである。

　地表近くの草の実を採食するホオジロ科や、樹木葉の虫を食物とするヒタキ科の鳥の多くは、食物不足のため雪の世界で生きていくことはできない。幹や枝にいる昆虫の蛹や卵、針葉樹に潜む虫や実を食物とするシジュウカラ科、エナガ科、アトリ科の鳥、キツツキ類などが冬の森に生きている。量も質も限られている雪の世界から、食物資源を採りだす能力をもっている動物だけが、厳冬の生態系を生きぬくことができる。

Nisaetus nipalensis　クマタカ（タカ科）　　　　　　　　　　　　　　　雪国の自然と鳥の生態

　雪で閉ざされることのない川では、12㎝ほどのヤマメやカジカなど、渓流の魚を捕食して、ヤマセミが生きている。体の小さなカワセミは冬の川では生きていくことができない。雪深い山地の渓流に、カワセミの食べる小さな魚はいない。

　ノウサギやヤマドリなどを狩りするイヌワシやクマタカは、すっかり葉を落とした冬の落葉広葉樹林での捕食効率は高くなる。雪の世界では、尿や足跡などノウサギやヤマドリの生きる痕跡を見つけることが容易になり、見通しの利く尾根などに止まる猛禽を、雪季に多く観察することができる。すべての鳥は、春が来るまでじっと雪季を耐えているだけではない。厳冬の暴風雪の２月、イヌワシは山地断崖の岩だなで産卵する。雪崩が谷間に響き、早春を、雪解けの水音がかろやかに誘う頃、真っ白な羽毛に包まれた生命が生まれる。

春を生きる鳥

トキの生活する田んぼの畦にタンポポが咲き残雪の大佐渡山地が風の向こうにそびえる

佐渡山地に朱鷺色のはばたき

佐渡島（佐渡市）

青空にトキが羽ばたく

1 トキの1年の生活

　トキは留鳥として1年中離れることなく佐渡島に生活し、季節によって生活の形態を変えている。1月を過ぎる頃に繁殖のための灰色着色行動がはじまり、肩から上が特有の濃い灰色になる。巣の上で抱卵するときに保護色の役目をすると考えられている。枝渡しや擬交尾などの求愛行動を行い、3月に里山のマツやコナラなどの木に営巣する。4月上旬に産卵し、抱卵を行う。この時期は最も神経質になる。5月にヒナが孵化し、6月下旬頃に巣立ちの時を迎える。9月下旬から10月、稲刈りを終えた田んぼにトキが待ちかねたかのように現れる。刈り取り後の水田は稲が密生していた時に比べて生き物を見つけやすく、親鳥とともに飛来した幼鳥にとって好適な環境である。

2 トキに出会うために

　佐渡島を訪れたら新穂地区にある佐渡トキ保護センターと、併設するトキの森公園でトキの歴史や生態について学ぼう。トキふれあいプラザでは近距離でトキの生態を観察することができる。小佐渡の山あいに立つ野生復帰ステーションには観察棟があり、展望室から順化ケージの一部や国仲平野を見渡すことができる。それぞれの施設には野外でトキに出会うためのルールが掲示されているので、ルールを守ってトキと出会いたい。稲刈り後の田んぼは見晴らしがよくトキを発見しやすい。成鳥は灰色が消え美しい朱鷺色になる。トキの観察には9月下旬から10月がおすすめである。トキを驚かさないために車の中などから静かに観察しよう。

3 トキの未来

　1981年に野生のトキが全数捕獲され、人工繁殖が試みられてきた。1999年に初めて繁殖に成功し、2008年には第1回放鳥が行われた。その後徐々に個体数が増え、現在では放鳥と自然繁殖の個体を合わせて約300羽が佐渡島に生息している。トキが生きていくためには自然度の高い豊かな水田や水辺の環境が必要である。生き物に優しい農法で米作りをしている農家や、ビオトープを整備する地域の方々など多くの支えと努力によってトキの野生復帰は進められている。

稲穂が成長する夏は畦道や土手が採食場所になる

刈り取り後の水田で採食する

トキ特有の灰色着色行動により繁殖期に保護色となる

親鳥のくちばしをつついて餌をねだるトキのヒナ

佐渡島で見られる鳥：トキ、ハヤブサ、ノスリ、オオコノハズク、イソヒヨドリ、カケス（亜種サドカケス）など
日本海に浮かぶ佐渡島には春と秋に多くの渡り鳥が立ち寄る。サカツラガン、アカアシチョウゲンボウ、ヤイロチョウ、コウライウグイスなど珍鳥も多く観察され、佐渡島鳥類目録（日本野鳥の会佐渡支部、2015）では、これまで354種の野鳥が記録されている

■アクセス
　ジェットフォイル／新潟港⇔両津港 65分
　カーフェリー／新潟港⇔両津港 2時間30分
　高速カーフェリー／直江津港⇔小木港 1時間40分
　佐渡島ではレンタカー使用も可能である

■関連施設：佐渡市トキの森公園　電話0259-22-4123

桜咲く春の公園から鳥屋野潟・市街地を望む

多くの小鳥たちが桜咲く公園を渡っていく

鳥屋野潟公園（新潟市中央区）

公園のハナミズキの木に止まり休息するオオルリ

1 春の公園を渡る鳥たち

　4月上旬、雪国新潟に桜の開花が春を告げる。気温の上昇や太陽が出ている時間が長くなるとともに鳥たちは繁殖に向けて動き出す。南方から渡り来る小鳥たちは公園の林で翼を休め、食物を食べてエネルギーを補給し、繁殖地へと向かう。新潟市の中心部にある鳥屋野潟公園では植樹された木々が生長し、都市の中に森を形成している。春と秋の渡りの時期には多くの小鳥たちが公園に飛来し、渡り鳥の大切な中継地となっている。

2 渡り鳥が公園に集まるわけ

　満開の桜の花に蜜を求めてメジロ、ヒヨドリ、ニュウナイスズメなどが飛来する。公園の林床には落ち葉に潜むミミズや虫を狙うルリビタキ、アカハラ、クロツグミなどのツグミ類を見つけることができる。桜の花が散り始める4月中旬過ぎには、シャクガの幼虫など青虫が大量に発生する。若葉の裏側や枝先に潜む虫をさがしてエゾムシクイ、センダイムシクイなどムシクイの仲間やオオルリ、キビタキなどヒタキの仲間、ノジコ、サンショウクイなど多くの小鳥たちが立ち寄る。山地の繁殖地で観察が難しい各種のメスに出会うこともできる。4月下旬になると桜の木から落下した虫を狙って地上で採食するコマドリやコルリ、ビンズイなど亜高山帯で繁殖する鳥たちに出会うことができる。

3 公園の四季と鳥たち

　桜咲く公園の代表として鳥屋野潟公園を紹介したが、各地の公園、社寺林や鎮守の森など樹木が多く、食物の虫が多い街中の小さな森には同じように鳥たちが渡っていく。秋の渡り時期は春に比べてその年に巣立った若鳥が目立つ。春とは異なる行動や採食の様子を観察しよう。

センダイムシクイが出始めた若葉に青虫をさがす

桜の花にはメジロやヒヨドリが蜜を吸う

木から落ちた虫をコマドリなど小型ツグミ類がさがす

公園の小潅木を渡るキビタキ

鳥屋野潟公園

春の鳥屋野潟公園で見られる鳥：キビタキ、オオルリ、ルリビタキ、アカハラ、クロツグミ、マミジロ、サンショウクイ、ウグイス、センダイムシクイ、エゾムシクイ、ヤブサメ、コマドリ、コルリ、ビンズイ、エナガ、ヤマガラ、ヒガラ、アオジ、ノジコ、クロジ、コムクドリ、メジロ、ヒヨドリ、ニュウナイスズメなど
おすすめの探鳥時期：4月〜5月

■アクセス
バ ス／新潟駅南口1番のりば 新潟市民病院行きまたは曽野木ニュータウン行き（約20分）
自動車／新潟バイパス（8号線）女池インターから約5分
磐越自動車道 新潟中央ICから約5分で鳥屋野潟公園駐車場から徒歩で公園内を通り観察舎「鳥観庵（とりみあん）」へ
連絡先：鳥屋野潟公園　電話025-284-4720

021

鳥たちのさえずりが聞こえる芽吹きを迎えた角田山登山道

里山トレッキングに春の鳥をたずねて

角田山（かくだやま）（新潟市西蒲区（にしかんく））

センダイムシクイは落葉広葉樹の森を代表する鳥

1 カタクリ咲く雑木林

　越後平野の西にゆるやかな裾野を広げる角田山（標高482m）は、身近に山歩きができる里山として親しまれている。平野部に桜が咲き始める4月、芽吹きはじめた雑木林の山に暖かな陽ざしが降り注ぎ、オオミスミソウ（雪割草）、カタクリ、イカリソウなど林床の植物が次々と花を咲かせる。花に集まる虫が飛び始める頃、山ろくの雑木林の鳥たちも動きが活発になってくる。登山道をゆっくりと登り、角田山の春の鳥を訪ねてみよう。

2 雑木林を生きる鳥たち

　角田山にはいくつかの登山ルートがある。野鳥を観察するにはなだらかな五ケ峠コースがおすすめである。駐車場から登り始めると芽吹きはじめた雑木林が展開し、ウグイスの鳴き声が聞こえてくる。林床に咲く花にギフチョウが飛び交う。林の中からコゲラのドラミングの音が響く。営巣場所となわばり確保のための行動である。4月中旬には林床の昆虫を狙って飛ぶキビタキ、「チヨチヨビー」と鳴きながら若葉の虫をさがすセンダイムシクイに出会う。ツツドリの「ポンポンポン」という筒（つつ）をたたくような声が山に響く。

3 尾根から望む雄大な越後平野

　やがて三望平を経て山頂に至る。ひと休みをしてさらに東に向けて進むと見晴台に到着する。ここで越後平野を眺望してみよう。眼下には上堰潟や佐潟など野鳥の生息地を見ることができる。残雪を頂く飯豊連峰まで続く新潟の雄大な自然を、鳥になった気持ちで俯瞰（ふかん）してみるのも楽しい。

芽吹きの枝先にヤマガラが虫をさがす

コゲラは樹幹に虫をさがして飛ぶ

春の角田山で見られる鳥：センダイムシクイ、ウグイス、キビタキ、オオルリ、アカゲラ、コゲラ、ツツドリ、オオタカ、サシバ、ヤマガラ、シジュウカラ、エナガ、ヤブサメ、メジロ、アオジ、ホオジロなど
お薦めのコース：五ケ峠コース（頂上まで約3km）
　　　　　　　　山頂まで登らなくても探鳥を楽しめる
お薦めの時期：4月〜6月

林間の春を鳴くウグイスは笹やぶに子育てをする

■アクセス
　自動車／北陸自動車道巻潟東ICから約25分で五ケ峠登山道入り口　駐車場有り
　バ　ス／4〜6月はJR巻駅前から角田山周遊バスが運行している
■設備：駐車場および山頂にトイレ有り
■関連施設：福井地区にある温泉施設じょんのび館脇に角田山自然館があり、角田山に生きる鳥や動物、地質などについて展示・紹介されている

春の角田山

越後三山と魚野川　多量の雪解け水が豊富な生命をもたらす

清流の水面(みなも)に鳥たちが飛びかう

魚野川(うおのがわ)（魚沼市小出）

ウグイ、ヤマメなどの魚をさがすミサゴ（タカ目ミサゴ科）

1 清流が育む豊かな生態系

　魚野川は全長約67kmの川で、越後川口で信濃川と合流して日本海に注ぐ。県境の谷川岳から流れる清流は、豊かな水量と良質な水を有しており、夏はアユが泳ぎ、秋にはサケが遡上する。豊かな自然に彩られた流域は、年間を通して多くの鳥が観察されている。雪が早く消える川岸は、いち早く木々が芽吹き、昆虫類が発生する。海岸線を北上し、川沿いに繁殖地を目指す渡り鳥たちにとって、河川はエネルギーを補給するために立ち寄る大切な中継地となっている。

2 渡りの季節ににぎわう川原

　川辺のヤナギが芽吹く頃、川沿いを歩き、雪が消えた場所で鳥をさがしてみよう。北方の繁殖地に向うアトリやカシラダカ、ツグミなどが、草の種や虫などをさがしている。鳥たちが渡りという長い旅に出る前に懸命に食べ物をついばむ様子を観察しよう。雪解け水が流れる川原では、セグロセキレイやイソシギの澄んだ声が聞こえてくる。繁殖するためのなわばりを主張している。河川敷の上空ではヒバリがさえずり、ツバメが空中で虫をとるために飛び回っている。南風が吹き、気温が上がる頃には、川に張り出したネコヤナギの枝に、渡り途中のノビタキが止まる。

3 河川に生きる鳥たち

　カワセミ、ミサゴ、カワウ、カイツブリ、サギ類など、魚食性の鳥が河川の食物資源を利用して生息している。河川は鳥たちに安定した生息環境を提供している。川沿いの道は見通しが良い。春の息吹を感じながら、鳥たちの生活を観察することができる。

春と秋 多くの渡り鳥たちが魚野川を通過する
ノビタキは数羽が群れとなり短期に渡っていく

魚野川で見られる鳥

春／オシドリ、カルガモ、カイツブリ、カワアイサ、アオサギ、カワウ、イソシギ、カワセミ、ヒバリ、オオヨシキリ、キセキレイ、セグロセキレイ、ハクセキレイ、イカルチドリ、ホオジロ、ツバメなど

渡り／ミサゴ、ノスリ、コチドリ、ノビタキ、コムクドリ、ニュウナイスズメ、ツグミ、アトリ、カシラダカなど

探鳥コース：新柳生橋～青島大橋　60分～90分
　　　　　　青島大橋～福山橋　60分～90分
おすすめの時期：4月中旬から6月　9月から11月

■アクセス
　電　車／JR浦佐駅下車タクシーで20分
　自動車／小出ICから10分
■施設：「こまみの湯」／（駐車場・トイレ）
　堤防の道は市民の利用も多い、観察マナーを心掛けたい

清流に5cm程の魚を狙うカワセミ

日本固有種のセグロセキレイはなわばりをもち1年を中流域で過ごす

オシドリは日本で1年を過ごし、繁殖するカモ

広がる農耕地の向こうに角田山がそびえる

農耕地の春爛漫を鳥たちがうたう

上堰潟（新潟市西蒲区）

翼でホロ打ちをしながらなわばりを宣言するキジのオス

1 春の鳥の散歩道

　角田山麓の広大な農耕地に、菜の花が咲く上堰潟公園がある。潟を一周する遊歩道には満開の桜が春爛漫を彩る。
　秋冬期ハクチョウやカモたちでにぎわった潟では、カイツブリが求愛行動をはじめる。河畔林や桜並木には葉かげや幹の虫をシジュウカラやコゲラがさがす。北の繁殖地へ行く前のジョウビタキは木に止まって虫をさがす。春の遊歩道はさまざまな鳥たちに出会う散歩道となる。

2 農耕地を舞台にキジとヒバリが競演

　潟の周囲に広がる水田や畑では農耕地を生きる鳥が繁殖期を迎える。草はらや田んぼの畔ではキジのオスが「ケン、ケーン」と大きな声でなわばりを告げる。他のオスが近づいてくると2羽がにらみ合い、威嚇して歩き、互いのなわばりを主張する。なわばりオスは、複数のメスとつがいを形成する。
　農耕地上空では、ヒバリがさえずりながら高く舞い上がる。草はらで営巣するヒバリは競争相手が見えないため、高く飛び、空中でなわばりを主張する。外敵から巣場所を見つけられないように巣から離れた地面に降り立って戻る。

3 四季の移り変わる農耕地に生きる鳥

　人間の営む農耕地は季節とともに環境を変える。田植えの5月は、広大な湿地に変わる。稲の生育とともに草原となり、稲刈り後は見晴しが良い開放地となる。農耕地に生きる鳥たちは移り変わる環境の中でたくましく生きている。

空高く飛びながらヒバリがさえずる

桜咲く枝にシジュウカラが虫をさがす

秋冬を農耕地で過ごしたジョウビタキが北へ向かう

動きはじめた季節にカワセミは魚を狙う

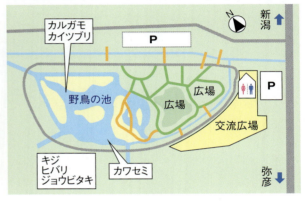

春の上堰潟と農耕地で見られる鳥

潟／カルガモ、マガモ、コガモ、カイツブリ、ダイサギ、コサギ、アオサギ、カワウ、カワセミ、コゲラ、アカゲラ、ジョウビタキ、シジュウカラ、メジロ、オオヨシキリなど

農耕地／キジ、ヒバリ、トビ、モズ、ツバメ、ハクセキレイ、ムクドリなど

おすすめの探鳥時期：4月から5月

■**所在地**：新潟市西蒲区松野尾1番地
■**アクセス**
　自動車／北陸自動車道巻潟東ICから国道460号経由約20分
　電　車／JR越後線巻駅よりタクシーで約10分
■**関連施設**：上堰潟はかつて農業用の用水機能を担っていた。1998年に治水対策、自然保護などのために野原の広場、多目的広場、野鳥の池などからなる多目的公園として整備された。休憩所、トイレ、大型駐車場や潟を一周する遊歩道が整備されている

027

妙高山麓のいもり池が頂を映しだす

高原の風にのって鳥たちがうたう

妙高高原（妙高市池の平）

プや野鳥情報を入手してから観察を始めたい。いもり池は周囲500mほどで、一周できる遊歩道が整備されている。鳥の声を聞きながら30分ほどで周ることができるので、ビギナーにおすすめのコースである。5月上旬には流れ込む雪解けの湿地にミズバショウが咲く。ヤナギなどの木でさえずるホオジロ科のノジコを見つけよう。ノジコは積雪の多い山地に生息する雪国を代表する小鳥である。ビジターセンター周辺では栗色の頭のニュウナイスズメに出会うことができる。いもり池ではカルガモが繁殖し、周辺のヨシ原で繁殖するオオヨシキリがにぎやかにさえずる。

妙高山を背景にカッコウが飛ぶ

1　噴火がつくった妙高の山なみ

　妙高山は標高2,454mの二重式火山で、赤倉山、前山などの外輪山が山頂を取り囲み、雄大な山すそを広げている。雪解け水によってつくり出されるブナ、シラカバなど落葉広葉樹の森は緑豊かな高原を形成している。初夏の妙高高原にはさわやかな風にのってカッコウやホトトギスの鳴く声がこだまする。

2　山麓のいもり池が妙高の頂を映しだす

　いもり池のほとりに建つ妙高高原ビジターセンターを訪問しよう。妙高高原に生きづく動物や妙高三山の成り立ちなど妙高の自然について展示・解説している。周辺のマッ

3　シラカバ林に鳥のさえずりを聞きに

　いもり池周辺にはシラカバ林が発達し、風致林として保全されている。「リブランの森遊歩道」を進んでみよう。森の中からはキビタキやクロツグミの高らかな鳴き声が聞こえてくる。シラカバの木に止まって幹をつつき大きな音を響かせるアカゲラ、アオゲラなどのキツツキに出会えるだろう。樹間で飛翔性の昆虫を捕らえるコサメビタキ、森の上を鳴きながら飛ぶサンショウクイを見つけたい。5月であれば林床で食べ物をさがすコルリ、アカハラ、マミジロなど標高の高い山地で繁殖するツグミ類に出会うことができる。

シラカバの林間にキビタキの歌声が響く

クロツグミ（メス）が林床に食物をさがす

妙高高原で見られる鳥：カッコウ、クロツグミ、マミジロ、アカハラ、コルリ、キビタキ、コサメビタキ、ニュウナイスズメ、ノジコ、ウグイス、オオヨシキリ、ヤマガラ、シジュウカラ、イカル、サンショウクイ、アカゲラ、アオゲラ、コゲラ、ホトトギス、カルガモ、ノスリなど

探鳥コース：いもり池　　　　一周30分
　　　　　　リブランの森遊歩道　約2時間

おすすめの時期：5月から7月

探鳥会・観察会：妙高高原ビジターセンターで年間10回程度探鳥会・観察会を開催している

ビジターセンター　　Tel. 0255-86-4599
妙高市観光案内所　　Tel. 0255-86-3911

■**アクセス**
　自動車／上信越自動車道妙高高原ICから10分
　電　車／北陸新幹線上越妙高駅下車、えちごトキめき鉄道乗り換え妙高高原駅下車、路線バス（池の平・杉野沢線）またはタクシーでビジターセンターまで約10分
■**関連施設**：妙高高原ビジターセンター

クロツグミ（オス）の歌が樹林をかける

いもり池周辺に広がるシラカバ林

鳥をさがす美人林に緑の風がわたる

そよぐブナの美林にキビタキがうたう

松之山（十日町市）

ブナの森の歌い手キビタキ

1 雪の里山に残るブナの森

　松之山は、野鳥の宝庫として全国に知られる探鳥地であり、温泉地・豪雪地としても有名な場所である。

　東頸城丘陵は、高田平野と信濃川を隔てるように位置しており、幾つもの山と渓谷が折り重なり、急傾斜な地形になっている。雪崩や地滑りが発生しやすい環境にはオオルリやノジコ、キセキレイなど多くの野鳥が生息している。

　松之山地区では、里山に多くのブナ林が残っている。ブナ林に生息するブッポウソウやアカゲラ、ツツドリ、ゴジュウカラ、ニュウナイスズメなどの鳥を身近に観察することができる。

2 ブナの美林に集う鳥たち

　美人林は樹齢90年ほどの幹の太さがそろったブナ林である。ブナの木肌は美しく、雪の残る美人林の景色は幻想的でもある。

　枝が少なく明るい開放的な樹間では、飛んでいる虫を捕らえるキビタキやコサメビタキ、葉や枝にいる虫をさがして食べるセンダイムシクイが観察される。また、アオゲラやアカゲラなどのキツツキ類がつくったブナの樹洞の周りは、営巣場所として利用するヤマガラやゴジュウカラ、ニュウナイスズメなどの森の鳥たちが飛びかう。

3 豊かな自然の生態系を守る

　春の森は、南から渡って来たオオルリやサンショウクイ、クロツグミなどの鳥たちの歌声でにぎわう。キョロロの森（バードピア須山）に代表されるブナ林では、クマタカやハチクマ、サシバなどのタカ類が観察され、豊かな森を象徴している。

　「森の学校」キョロロでは松之山の自然や生き物について展示・解説をしている。ブッポウソウの生息地では保護のための看板を設置しているので、観察の前に立ち寄り、観察路や観察マナーを確認してほしい。

170cmの大きな翼を広げ上空をクマタカが飛ぶ
クマタカの生息は、生物相が豊かな森を象徴する

松之山で見られる鳥：クマタカ、ハチクマ、サシバ、アオバト、ブッポウソウ、アカショウビン、ノジコ、ニュウナイスズメ、ゴジュウカラ、オシドリ、ツツドリ、サンショウクイ、アカゲラ、オオアカゲラ、アオゲラ、クロツグミ、オオルリ、キビタキ、コサメビタキ、キセキレイ、センダイムシクイ、ヤマガラなど

探鳥コース：美人林　　　　　40分〜60分
　　　　　　キョロロの森　　90分〜120分
おすすめ時期：4月中旬〜6月中旬
探鳥会：松之山野鳥愛護会と「森の学校」キョロロの共催で探鳥会が実施されている

ブナの森に生息する大形昆虫を捕食するブッポウソウ

■アクセス
　電　車／JR越後湯沢駅から、ほくほく線まつだい駅まで40分。駅からタクシーで15分
　自動車／関越自動車道塩沢石打ICまたは越後川口ICから50分、北陸自動車道上越ICから60分
■施設：十日町市立里山科学館 越後松之山「森の学校」キョロロ（十日町市松之山松口1712-2）
■開館時間：9：00〜17：00（駐車場・トイレあり）

雪が削った急峻な環境に適応した鳥ノジコ

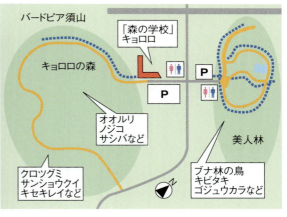

残雪と棚田のコントラストが鮮やかな早春の風景

残雪の奥只見荒沢岳が銀山平の遅い春を誘う

連なる残雪の山々をイヌワシが飛ぶ
奥只見銀山平（魚沼市湯之谷）

2mの翼を広げ大空を飛ぶイヌワシ（雌）

1 新緑のブナに残雪がかがやく

　標高800mの奥只見銀山平は、四方を平ヶ岳や越後駒ヶ岳、荒沢岳など2,000m級の山々に囲まれている。冬期の積雪は5mを越え、世界でも有数の豪雪地帯である。5月中旬の気温は低く、木々の芽吹きは遅い。このため、5月下旬でも鳥の観察はしやすい。平地より1カ月ほど遅く訪れる深山の春を楽しみたい。

2 万年雪を目指して

　中荒沢遊歩道は銀山平キャンプ場駐車場からスタートする。中荒沢岳の中腹にある万年雪を見ながら、残雪の上を注意深く観察すると、対岸や斜面からオオルリやセンダイムシクイ、サンショウクイ、ニュウナイスズメの声が聞こえてくる。雪が多い場合は、無理せず途中で戻ることが大切。6月頃には、沢を下り50分程登山道を進めば中荒沢の万年雪に出会える。

3 残雪の山を飛ぶワシとタカ

　気温が上がり、上昇気流が発生する9時頃から観察を始めよう。雪の残る稜線や上空を双眼鏡でさがすと、ノスリやサシバ、ハチクマなどのタカ類が飛ぶ。時にはクマタカ、イヌワシを見ることができる。

　亜高山帯の鳥に会いに行くなら、荒沢岳の登山に挑戦したい。コルリやクロジの声を聞きながら登山道を進み、1,000mを越えるとコマドリやルリビタキの澄んだ鳴き声が聞こえてくる。

4 新緑の森でうたう鳥

　坪倉沢にある一周3kmの銀山平森林公園は遊歩道があり観察しやすい。雪が残るブナの森からは、キビタキやクロツグミ、ノジコなどが葉の開きかけた枝先でさえずる。ミズナラやブナの巨木では、ゴジュウカラやオオアカゲラなどが幹をつついて虫をとる様子が観察される。北ノ又川の左岸には「銀の道」と呼ばれる道があり、河畔林を散策するとキセキレイやカワガラスなどの姿を観ることができる。

上空から獲物を狙うイヌワシ（雄）　雪崩れで削られた傾斜地の山岳帯に生息

キセキレイは源流上流域に生息する

水生昆虫を主食とするカワガラスの繁殖開始は早い

オシドリのメスは1羽で子どもを育てる

銀山平で見られる鳥：イヌワシ、クマタカ、ハチクマ、サシバ、ノスリ、ニュウナイスズメ、ノジコ、オシドリ、カッコウ、ホトトギス、ツツドリ、ジュウイチ、オオアカゲラ、ゴジュウカラ、カワガラス、キセキレイ、オオルリ、キビタキ、センダイムシクイ、サンショウクイ、コルリ、クロジ、コマドリ、ルリビタキ、クロツグミなど

探鳥コース：中荒沢遊歩道　　2時間～3時間
　　　　　　　銀山平森林公園　2時間～3時間

おすすめの時期：5月中旬から7月

探鳥会：日本野鳥の会新潟県（事務局 桑原哲哉025-792-0907）や魚沼市観光協会が実施している

■**アクセス**：電　車／JR浦佐駅下車　車で100分
　　　　　　　自動車／小出ICから国道352号線を55分
■**通行止め**：シルバーライン（国道352号線）は、1月から3月まで冬期封鎖、4月以降も夜間は通行止め。事前確認
■**施設**：銀山平／キャンプ場、森林公園（駐車場・トイレ）
　銀山平温泉には、数件の宿と日帰り温泉がある

033

初夏を生きる鳥

渓谷に響くオオルリのさえずり

初夏の森にうたう鳥たちの色どり オオルリとキビタキ

　オオルリとキビタキは南方の越冬地から4月に渡来し、広葉樹の森で繁殖するヒタキ科の鳥である。山地森林、渓谷などでさえずる姿と鳴き声は、新緑の葉を広げる木々とともに初夏の到来を告げ、野鳥観察の大きな楽しみとなっている。鳥たちは繁殖を行う大切な時期を迎え、オスは懸命にさえずってなわばりを誇示し、鳴き声と鮮やかな羽色でメスにアピールをする。つがいを形成できた個体は、産卵、抱卵、育雛へと季節をすすめていく。

落葉広葉樹の木々の葉が広がる森を生息場所とするキビタキ

渓谷を望む明るい斜面の木に止まるオオルリ

　オオルリとキビタキは鮮やかな羽色をしているが発色の方法は異なる。オオルリは羽毛の微細な構造によって青色の光だけを反射させ自らを青くみせている。森の林縁や渓谷の斜面の梢や枝先など、光のよくあたる場所に止まってさえずり、なわばりの宣言、求愛を行う。一方、キビタキの黄色はカロテノイド色素の色で、主に食べものから摂取したものである。葉が茂り太陽の光が届きにくい森の中でなわばりを宣言し、メスに求愛を行うために有効な黄色になっている。オオルリは、光のよくあたる山の傾斜地に生息し、キビタキはうっそうとした森の中に生活する。

広葉樹の森の中でさえずるキビタキ

新緑の河畔林にサシバ（タカ科）が獲物をさがす

渓谷に生命をつづる鳥たちの響き
佐梨川渓谷（魚沼市湯之谷）

渓流に魚を探してカワセミが川面に翡翠色の影を落とす

1 駒ヶ岳から流れ落ちる川

　佐梨川（全長22km）は越後駒ヶ岳を源流とし、急峻な渓谷を縫うようにして標高差600mを流れ魚野川に合流する。南は越後山脈につながり、険しい山と深い谷となっている。渓谷流域には、多様な鳥が生息する。川に生息する鳥の他、里山の鳥や森林の鳥などが観察される。

　栃尾又周辺では上流域の鳥、魚野川合流部から吉田橋周辺までは中流域の鳥を中心に観察できる。生息する鳥たちが環境の違いによって、種類や生活がどのように違っているのか、セキレイ3種の行動生態を観察することはおもしろい。

2 セキレイの行動生態を観る

　吉田橋から下流には川原が広がる。日本固有種のセグロセキレイが、尾を上下させながら石原を歩き、虫をさがしている。川辺の建物や畑の周囲にハクセキレイが、吉田橋上流はキセイレイが優占する。

　セキレイは、テリトリー性が強い。自分のなわばりに侵入してくるセキレイをすぐに追い払っている。「ジッ、ジッ」というセグロセキレイの声が聞こえたら、行動を観察しよう。

　葎沢ダム付近には流れが緩やかな場所がある。上流の栃尾又までの間には声をたよりに探すとオシドリ、ヤマセミ、カワセミ、カワガラスなどが観察できる。

3 渓谷に初夏を告げるオオルリの声

　渓流沿いの斜面林では、オオルリが対岸の雄とさえずり合い、なわばりを主張する。オオルリはさえずる場所（ソングポスト）が決まっているので、枝先やスギの木の頂部をさがすと見つけることができる。また、雪崩の多い傾斜地の低木で、鈴を振るような声で鳴くノジコも観察することができる。

渓流に生きる鳥ヤマセミが15cm程の魚を樹上から狙う

キセキレイ　渓流で羽化した水生昆虫を捕らえる

セグロセキレイ　石の隙間が多い河原から食物をさがす

ハクセキレイ　川辺、水辺の泥砂地、水田などで食物をさがす

渓谷で見られる鳥：オシドリ、ヤマセミ、カワガラス、イソシギ、ミソサザイ、キセキレイ、オオルリなど
ブナ・ミズナラの森で見られる鳥：ホトトギス、ハチクマ、サンショウクイ、クロツグミ、センダイムシクイ、キビタキ、カワセミなど
里山で見られる鳥：サシバ、ウグイス、ヤマガラ、セグロセキレイ、ハクセキレイ、ノジコ、ホオジロなど
探鳥コース
中流域／道の駅〜大沢公園　　60分〜90分
上流域／栃尾又〜駒の湯　　　90分〜120分
おすすめの時期：5月から7月（上流域は5月末以降）

■**アクセス**：電　車／JR浦佐駅下車タクシーで30分
　　　　　　　自動車／関越自動車道小出ICから10分
■**施設**：道の駅「深雪の里」、みみずく広場、大湯公園（駐車場・トイレ）他に温泉と宿泊施設がある

新緑の隔てる山々に水が生まれ、たきがしら湿原をつくる

深山の谷あいに生きる鳥たち
たきがしら湿原（東蒲原郡阿賀町）

モリアオガエルを捕らえて運ぶサシバ（タカ科）

1 生物多様性をみる山あいの湿原

　阿賀町上川地区の山あいを縫って山道を上っていくと、森林の中にぽっかりと空間が現れて、大きな湿原が見えてくる。かつては集落があり耕作されていた水田が、今では広大な湿原に変わっている。季節の移り変わりとともにミズバショウ、リュウキンカ、ヒオウギアヤメなど湿地性の植物が咲き競う。トノサマガエル、モリアオガエル、トウホクサンショウウオなどの両生類、サワガニや水辺の昆虫など多くの生き物が生息する湿原の木道を歩き観察を始めよう。

2 豪雪の山地を生きる鳥たち

　湿原から続く観察路を進むとブナ、ホオノキなど落葉広葉樹の森が続く。森の上をサンショウクイが鳴きながら飛び、ブナの枝ではキビタキがさえずる。森の中からは「アオー、アオー」とアオバトの鳴く声が聞こえてくる。森から森へ群れで移動する鮮やかな黄緑色のハトを見つけよう。森の奥からオオアカゲラのドラミングが聞こえ、林床には「ドドドドド」とヤマドリのほろ打ちの重低音が響く。

3 山地森林に生きる猛禽類

　残雪の谷あいに、サシバが南方から渡来する。両生類、爬虫類を捕食するサシバにとって、食べ物となる生物が生息する大きな湿地と安全に子育てを行う森林環境が必要である。小型のタカの仲間ハイタカは、樹林に生きる小鳥類を狩る。冬季はマヒワ、ウソなどを獲物として山地森林に周年生息している。

　山の大きな谷あいにはクマタカが生息する。クマタカは幅の広い翼を使って森林内の狭い樹間を飛び、さまざまな生き物を捕獲して、厳しい深山の環境を生き抜いている。晴天の日、谷に発生する上昇気流に乗って悠々と飛ぶ姿を見ることができる。

多様な種でおりなす樹林をアオバトが群飛する

緑色のアオバトが新緑に溶け込む

絶滅危惧種のサンショウクイは湿原の森に多数みられる

尾羽の長いヤマドリ（オス）がなわばりを誇示してほろ打ちをする

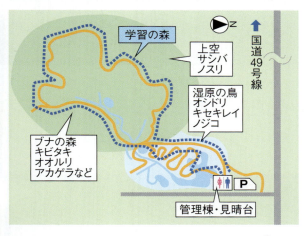

たきがしら湿原で見られる鳥：ヤマドリ、オシドリ、アオバト、ホトトギス、ツツドリ、ハチクマ、ハイタカ、サシバ、ノスリ、クマタカ、コゲラ、オオアカゲラ、アカゲラ、アオゲラ、サンショウクイ、コガラ、ヒガラ、エナガ、センダイムシクイ、キバシリ、オオルリ、キビタキ、コサメビタキ、ミソサザイ、キセキレイ、ノジコ、ホオジロなど

おすすめの探鳥時期：5月から7月

注意事項：湿原の環境に影響を与えないよう木道から外れずに注意して観察しよう

■**所在地**：新潟県東蒲原郡阿賀町阿賀町七名乙
■**アクセス**：自動車／磐越自動車道津川ICから約40分
　　　　　　　電　車／JR磐越西線津川駅下車 車で約40分
※たきがしら湿原への道路にはゲートがあり、8時30分～17時の間のみ通行可能となるので時間に注意して観察しよう
■**施設**：駐車場、トイレ有り。飲食料品は持参すると良い

041

山頂からの眺望　北東に越後山脈が続く

高原をわたる風と渓谷のひびき

湯沢高原（南魚沼郡湯沢町）

渓谷にオオルリのさえずりが響く

1 ブナの森と渓谷が織りなす自然

　大峰山（1,172m）は、魚沼丘陵の南端に位置し、東は魚野川、西を清津川が流れている。清津峡では、柱状節理という火山活動によってできた特徴的な岩肌を見ることもできる。山頂の展望台からは、巻機山や越後三山、谷川連峰の山々が望める。

　山頂へロープウエーを利用して行くこともできるが、野鳥を観察するなら、清津峡を歩き、八木沢から登山道を登り、コルリやクロジなど標高の高いブナの森に生息する鳥やオオルリ、ヤマセミなど渓流の鳥を訪ねてみたい。

2 高原にいざなう小鳥たちの声

　八木沢バス停に案内看板がある。地図を確認してから観察を始めよう。登山道は、スギ林を抜けると山頂までブナの森が続いている。森からキビタキやヤマガラ、ヒガラのさえずる声が聞こえてくる。声のする方向に双眼鏡を向けてさがしてみよう。

　1,000m近くまで登ると林床から「チッ、チッ、チッ、ビンルルルル」と鳴くコルリの声と「フィフィーチー」と鳴くクロジの声が聞こえてくる。森の奥からは、コルリに托卵する機会を狙うジュウイチの「ジュウイチ」と鳴く声が聞こえる。山頂付近の上空では、上昇気流を利用して飛ぶハチクマ、ノスリ、サシバなどのタカを見ることができる。

3 渓流を生きる鳥たち

　清津峡線歩道は全長13kmある。野鳥を観察するなら、道の起伏が少ない大峰の原水（40分程）までがおすすめ。清流のせせらぎとオオルリの鳴く声が響き、清涼感を満喫できる。渓流からは、カワガラス、キセキレイ、ミソサザイの澄んださえずりが聞こえてくる。途中から八木沢へ戻るが、時間をかけて、栄太郎峠の分岐点まで観察を続けることもできる。

ハチの幼虫を主食にするハチクマ（タカ科）が子育てのために大きなヘビを捕らえて運ぶ

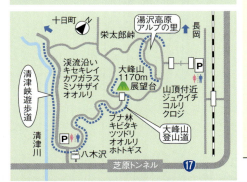

■**アクセス**：大峰山登山口・清津峡歩道入口（八木沢バス停）自動車：関越自動車道湯沢ICから群馬方面に20分
■**施設**：清津峡線歩道入口（駐車場、トイレ）

湯沢高原で見られる鳥
高原の鳥：コルリ、クロジ、ジュウイチ、ハチクマ、ノスリ、サシバ、アカゲラ、オオアカゲラ、ヤマガラ、ヒガラ、キビタキなど
渓流の鳥：ヤマセミ、カワガラス、ミソサザイ、オオルリ、キセキレイなど

おすすめの時期
5月中旬〜6月中旬

探鳥コース
大峰山　　　　　4時間〜6時間
清津峡線歩道　　90分〜5時間

中腹から山頂にかけての登山道　ブナの林が続き小鳥たちのコーラスが響く

渓流を生きる鳥たち　水中のカワゲラなど水生昆虫を捕らえるカワガラスとカゲロウなどを捕らえるキセキレイ

043

ブナ樹林の鳥をたずねて

浅草岳山麓（魚沼市入広瀬）

浅草岳山麓の雪解けは遅い

芽吹きの始まった浅草岳山麓でさえずるノジコ

1　多雪と山に育まれた自然

　福島県境に位置する浅草岳は標高1,585mの火山である。山麓周辺は、森林・湿原・沢・岩場などの自然環境になっており、多くの鳥が観察できる。残雪が多いので、道路の状況を確認して、無理のない観察を心掛けよう。

　五味沢からネズモチ平にかけては、ブナの森が続く。大きなブナ樹林を中心にさまざまな植物が、若葉や木の実を生みだし、倒木となった後もキノコや菌類を育成し、複雑な生態系を構成している。

　鬱蒼とした森からは、カモシカやテンなど、動物の気配を感じとることができる。

2　ブナの森を体感する

　ブナの森には天然の樹洞が数多く存在する。樹洞を利用して繁殖するフクロウやコノハズクなどが生息する。朽ちかけた立木にはアカショウビンが営巣し、開けた新緑の樹間では、キビタキやセンダイムシクイ、サンショウクイなどが、大量に発生する虫をさがして動く姿を観察できる。

　ネズモチ平周辺では、沢沿いの藪からミソサザイやコルリの声が渓流の音と競うように聞こえてくる。ブナやクルミの林からは、オオルリやノジコのさわやかな声が響く。上空にはイワツバメ、ノスリ、ハチクマが飛び、イヌワシも姿を見せる。ブナ曽根の登山口から中腹まで登ると、クロジやマミジロの声がブナ林に響く。山頂まで登るとメボソムシクイ、ウソ、ビンズイなど亜高山にすむ鳥に出会う。

　秋の渡りの時期は、ミネカエデやナナカマドの紅葉が美しい。カシラダカやツグミ、キツツキ類やカラ類などが観察される。

3　浅草山麓エコ・ミュージアム

　標高750mにある県立浅草山麓エコ・ミュージアムは豊かな自然が広がり、鳥類53種をはじめ、多くの動植物が観察されている。トレッキングコースを散策しながら野鳥観察を楽しめるのでエコ・センターでガイドマップや観察情報などを入手してから観察しよう。観察路はブナやミズナラなどが茂り、初夏の湿原ではミズバショウの花が咲く。木道からは残雪の浅草岳を背景に鳴くノジコやホオジロ、ウグイスに出会う。

■アクセス
　電　車／JR磐越西線大白川駅下車。車で20分
　自動車／関越自動車道小出ICから60分
■施設：浅草山荘前駐車場、県立エコ・ミュージアム、浅草岳登山口に駐車場・トイレ有り。食料・飲料水は各自で用意

新緑と残雪が鮮やかな初夏の浅草岳

新緑のブナの森　ブナの根元から雪解けが始まる

豊かな緑の樹林にキビタキがなわばりを誇示する

ミソサザイの繁殖期は早い時期に始まる　巣材のコケを運ぶ

浅草岳山麓で見られる鳥：クロジ、ノジコ、ミソサザイ、コルリ、アカショウビン、キセイレイ、ツツドリ、ホトトギス、ジュウイチ、ハチクマ、ノスリ、サンショウクイ、コガラ、クロツグミ、ウグイス、センダイムシクイ、オオルリ、キビタキ、ホオジロなど

探鳥コース

浅草山麓エコ・ミュージアム	60分〜90分
五味沢	90分〜3時間
浅草岳	4時間〜6時間

おすすめの時期：5月下旬から6月（積雪量により変動あり）事前確認が必要

045

鳥屋野潟湖面に繁茂するコウホネ群落と周辺のヨシ原が生き物を育む

初夏の水辺に生命(いのち)をつなぐ

鳥屋野潟(とやのがた)(新潟市中央区)

ヨシ原で繁殖するオオヨシキリが潟に初夏を告げる

1 潟に初夏を告げるオオヨシキリの鳴き声

越後平野に残る潟沼には、ヨシ原に渡来したオオヨシキリが「ギョギョシ、ギョギョシ」とにぎやかな声で初夏の到来を告げる。ヨシ原に営巣し繁殖するオオヨシキリは、条件の良いなわばりを確保するために、渡来当初はヨシの上部など目立つ場所でさえずる。鳥屋野潟を囲むようにヨシが群落を形成しているので、岸全域で観察することができる。遅れて渡来するカッコウは、河畔林(かはんりん)や公園の高木に止まり、「カッコー」と鳴きながらオオヨシキリの様子をうかがい、託卵(たくらん)する機会を狙う。

2 ヒナを背負って育てるカンムリカイツブリ

ハクチョウやカモ類など大型水鳥が渡去した春の湖面でカンムリカイツブリが繁殖行動を開始する。夏羽特有の冠羽(かんう)を立て、ペアが向かい合って冠羽を震わせる求愛行動や、捕らえた魚をつがい相手に与える求愛給餌を行う。コウホネ(スイレン科)の群落に水草を積んで巣を作り産卵する。ヒナが孵化(ふか)すると親鳥の背中に乗せ、潟内を移動しながら子育てを行う。カンムリカイツブリは水中に潜って魚を捕らえるが、ヒナを背負っているときは、つがい相手が小魚を捕らえヒナに給餌する。ヒナが成長すると背中から下りて親鳥の後について泳ぐ。縦縞模様の若鳥は親鳥と同じ大きさに成長するまで給餌を受け、8月の終り頃には単独で行動する。

3 営巣地を広げるカンムリカイツブリ

かつてカンムリカイツブリは秋冬期に渡来する冬鳥として知られていた。2002年に鳥屋野潟で繁殖していることを発見した。その後、毎年5〜6つがいが繁殖している。近年では福島潟、佐潟や高田平野の朝日池、鵜ノ池などでも繁殖が確認され、営巣地の拡大が注目されている。夏の潟湖面でカンムリカイツブリの子育ての様子を観察しよう。

カンムリカイツブリは孵化してまもないヒナを背負って育てる

初夏の鳥屋野潟で見られる鳥：カンムリカイツブリ、カイツブリ、カルガモ、アオサギ、ダイサギ、チュウサギ、コサギ、カワウ、バン、カワセミ、ミサゴ、カッコウ、オオヨシキリ、ツバメ、モズなど
おすすめの探鳥時期：5月から7月

■アクセス
　自動車／新潟バイパス（8号線）女池インターから約5分
　　磐越自動車道 新潟中央ICから約5分
　　鳥屋野潟公園（鐘木地区、電話025-284-4720)
　　駐車場から徒歩で公園内を通り観察舎
　　「鳥観庵」で観察
■施設：鳥屋野潟公園に駐車場、トイレ完備

オオヨシキリの巣に托卵するカッコウ

湖面に魚を狙うカワセミ

繁殖するカルガモの親子が初夏の風物詩をつくる

奥胎内渓谷に広がるブナの森

雄大なブナ樹林にアカショウビンのひびき
奥胎内渓谷（胎内市）

ブナの森で繁殖するアカショウビンが南から渡来する

1 飯豊連山の雪解けが壮大な渓谷をきざむ

　飯豊連山から流れ出る雪解け水が深い谷を刻み、ブナの森を育くみ、日本海へと注ぐ。磐梯朝日国立公園の一角である奥胎内渓谷には雪解けに潤されたブナの巨木の森が広がる。新緑の葉を広げる木々の中に、洞のある古木や倒木、朽木が残り、湿潤の森はブナ原生林の生態系をとどめている。キツツキの木をたたく音や、カラ類の鳴く声が聞こえ、林床にはシダなどの植物が葉を広げる。快晴の日は谷から湧き上がる気流に乗ってクマタカが谷の上を高く飛ぶ。

夜はフクロウ科のコノハズクが「ブッポーソー」と特徴のある声で鳴き、ヨタカの鳴く声が深く暗い森にこだまする。

2 ブナの原生林をアカショウビンが飛ぶ

　5月下旬、キビタキのさえずる新緑の森に「キョロロロロー、キョロロロロー」とアカショウビンの鳴く声が響き渡る。東南アジアで越冬したアカショウビンは繁殖のためブナの森に渡って来る。カワセミ科の中で原始的な形態をもつアカショウビンは、魚食性に進化したヤマセミ、カワセミと異なる。ヤマアカガエル、モリアオガエル、オタマジャクシ、サンショウウオ、ムカデ、昆虫、サワガニなど森に生きるさまざまな小動物を捕食する。多様な生き物が生息する森がなければ、アカショウビンは生きてゆくことはできない。

3 森の緑を映した渓谷に生きるヤマセミ

　イワナ、ヤマメ、カジカなど渓流の魚を捕食するヤマセミが1年を通して生息している。川面に大きく張り出す大木の枝で魚を狙う姿を見つけることができる。6月の中頃、崖の巣から出た数羽のヤマセミ幼鳥が、夏を迎えた渓谷を飛ぶ。

重なる谷間の向こうに残雪の飯豊連山がそびえる

湧き上がる気流に乗って170cmの翼を広げクマタカが飛ぶ

渓流を見おろす枝先にヤマセミが魚を狙う

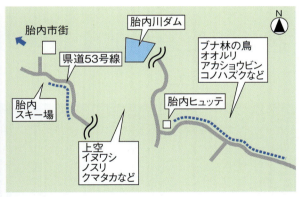

奥胎内渓谷で見られる鳥：アカショウビン、ヤマセミ、オオルリ、キビタキ、コノハズク、クマタカ、ハイタカ、ノスリ、クロツグミ、エナガ、ヒガラ、ヤマガラ、ゴジュウカラ、オオアカゲラ、アカゲラ、アオゲラ、キセキレイ、ミソサザイ、カワガラス、ヨタカなど

おすすめの探鳥時期：6月中旬から7月

探鳥会：奥胎内ヒュッテが宿泊者向けに探鳥会を開催している（要確認）。電話0254-48-0161（冬季閉鎖）

■アクセス
自動車／日本海東北自動車道 中条ICを降り、国道7号線下館十字路から24km（冬期の積雪状況により除雪時期が異なるため開通日の確認が必要）
胎内市観光協会：0254-47-2723
電　車／JR羽越本線中条駅下車　車で約50分

新緑の弥彦山から望む越後平野

越後平野を見渡す鎮守の森に生きる

弥彦山麓（西蒲原郡弥彦村）

カブトムシを捕らえ ヒナ（右）に巣外給餌を行うアオバズクの親鳥（左）

1 弥彦山麓の自然

　越後平野の西端にそびえる国定公園の弥彦山は、越後一ノ宮弥彦神社の御神体として古くから崇められている。山麓にはケヤキ、カエデなど広葉樹の森が広がる弥彦公園、参道の杉並木が続く弥彦神社などがあり大木が多い。山頂までは森の上を通るロープウエーで上がることができる。頂上からは広大な越後平野を一望することができ、西側には佐渡島を眺望できる日本海が広がる。

2 夜の森を飛ぶアオバズク

　5月半ば、森の木々が新緑の青葉を広げる頃、アオバズクが南方から渡って来る。日が暮れて一面が暗くなると森の中から「ホー、ホー」と求愛の鳴き声が聞こえてくる。林間を飛ぶコウモリや大型のガを捕らえ、つがい相手に求愛の給餌を行う。つがい関係が成立すると大木の洞に営巣場所を求め、産卵を行う。ヒナが孵化し、子育てを行う7月、森にはたくさんの昆虫が発生する。カブトムシ、ノコギリクワガタ、カミキリムシなどの甲虫類、大型ガ類、アブラゼミなど夜の森を飛ぶ大型の昆虫を次々に捕らえてヒナを育てる。7月下旬、成長して巣穴から出てきた幼鳥は巣外給餌を受け、やがて夜の鎮守の森に巣立っていく。

3 山麓に生きる鳥たち

　山麓の豊かな森には多くの鳥たちが繁殖する。大木の洞ではオシドリが営巣し、10数個の卵を孵化させる。広葉樹の森ではキビタキ、クロツグミの高らかなさえずりが聞こえ、山すそに広がる杉林では樹間にサンコウチョウが飛ぶ。沢筋に生きる両生類などの小動物を餌とするサシバが繁殖する。

森の木々の青葉が映える5月、アオバズク（フクロウ科）が南方から渡り来て求愛の行動を開始する

山麓に広がる杉林で繁殖するサンコウチョウ

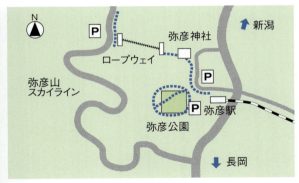

弥彦山麓で見られる鳥：アオバズク、オシドリ、クロツグミ、サンコウチョウ、キビタキ、オオルリ、コサメビタキ、アオゲラ、アカゲラ、コゲラ、フクロウ、アオバト、ツツドリ、ホトトギス、サシバ、ハチクマ、ミサゴ、ハヤブサ、サンショウクイ、ヤマガラ、エナガなど
おすすめの探鳥時期：5月から7月

■アクセス
電　車／北陸新幹線燕三条駅下車
　　　　JR弥彦線弥彦駅下車　駅を出て左側に弥彦公園、徒歩20分で弥彦神社及び弥彦山登山口
自動車／関越自動車三条燕ICから約30分で弥彦神社、弥彦公園
　　　　弥彦競輪場第一駐車場利用
　　　　燕三条駅から弥彦山スカイライン経由で弥彦山山頂（約1時間）

鎮守の森の樹洞で繁殖するオシドリ（メス）

051

夏を生きる鳥

妙高外輪山の山麓に広がる笹ヶ峰牧場

キツツキの音が標高1,300mの高原にこだまする
笹ヶ峰高原（妙高市笹ヶ峰）

キツツキのドラミングはなわばりの宣言　巣穴をあけるアカゲラ

1 さわやかな風が高原をわたる

　笹ヶ峰は妙高山の外輪山山麓に広がる標高1,300mの雄大な高原である。世界有数の豪雪地帯である妙高連山の雪解けが伏流水となり、シラカバ、ブナ、ミズナラなど落葉広葉樹の森を育てる。植樹されたドイツトウヒ（ヨーロッパトウヒ）が枝を広げる県民の森は、森林の自然観察に好適な環境が整備されている。残雪を頂く焼山、金山などの妙高連山、名水「宇棚の清水」を源流とする清水ケ池、ミズナラの巨木が点在する笹ヶ峰牧場など、高原の森をめぐる遊歩道で、さわやかな風を感じながら野鳥観察を楽しもう。

2 トウヒの森に小鳥たちをたずねて

　県民の森入口から観察を始めよう。アカゲラが木をたたくドラミングの大きな音がトウヒの森に響く。低く張り出した枝先ではコルリがさえずる。林床にはチシマザサが密生し、ホオジロ科のクロジが繁殖している。「フィフィチー」と独特の声でさえずる姿に出会いたい。ドイツトウヒの太い幹を上り下りして虫をさがすゴジュウカラ、樹皮とそっくりな色のキバシリをさがしてみよう。張り出す枝先に飛びつくように食物を捕るキクイタダキ、葉の隙間に虫をさがすエナガ、コガラ、ヒガラなどの小鳥類を見つけることができる。

3 高原の水面にシラカバ林を映して

　分岐点を曲がり清水ケ池までゆっくりと歩く。広葉樹の林ではコサメビタキが樹間を飛び交う。新緑のシラカバ林を水面に映す清水ケ池でひと休み。池を周り、シラカバの林を進むと笹ヶ峰牧場が広がる。点在するミズナラやブナの大木で鳴くイカルや林床で食物をさがすアカハラに出会えるだろう。ミズナラの森を抜けると妙高山の外輪山三田原山が見えてくる。斜面に広がるブナの森の息吹が上昇気流となり、風に乗ってハチクマ、ノスリなどのタカ類が高原上空を飛ぶ。

森の古木に巣立ちしたフクロウが止まる

太い幹を頭を下に向けて移動するゴジュウカラ

冷気がただよう林床(りんしょう)にアカハラが食物をさがす

上：妙高山塊　金山、裏金山、焼山　　下：ドイツトウヒの森

笹ヶ峰高原で見られる鳥：アカゲラ、アオゲラ、コゲラ、アカハラ、コルリ、クロジ、キクイタダキ、キバシリ、ゴジュウカラ、エナガ、コガラ、ヒガラ、シジュウカラ、コサメビタキ、キビタキ、イカル、イワツバメ、ジュウイチ、ノスリ、ハチクマ、フクロウなど
おすすめの探鳥時期：5月中旬から8月
探鳥会：日本野鳥の会新潟県（事務局 桑原哲哉）
　　　　　025-792-0907）

■アクセス
　自動車／上信越自動車道妙高高原ICから約40分
　電　車／北陸新幹線上越妙高駅下車えちごトキめき鉄道
　　　　　乗り換え妙高原駅下車 笹ヶ峰行き専用バス
　　　　　が夏季に運行されている（要確認）
■施設：食　事／グリーンハウス
　　　　トイレ／グリーンハウス、清水ケ池

火打山に高層湿原にピンクのハクサンコザクラが風にゆれる

日本最北限のライチョウが高山にさそう

妙高三山 火打山（妙高市）

日本固有種のカヤクグリは高山で子育てをする

1 高山の鳥をたずねて

　標高2,462mの火打山には日本分布最北限のライチョウが生息する。日本百名山の一座として知られる火打山は登山道が整備され、高山の鳥の観察に適しているが、本格的な登山となるので、万全の装備を整えてから入山しよう。
　登山道入口からブナとシラカバの林の中に整備された木道を歩く。森の中からマミジロの「キョロン、チー」と聞こえるさえずりが響き、チシマザサが茂る林床部からは「フィフィチー」とクロジの声が聞こえてくる。やがてブナの純林となり水場のある黒沢の流れに至る。

2 オオシラビソの樹林にさえずりをきく

　十二曲の急登を越えるあたりからブナに代わりダケカンバの森となる。枝先ではメボソムシクイがさえずり、林床ではコマドリの鳴き声が響きわたる。幹を登るキバシリにも出会うだろう。富士見平に近づくに連れ、亜高山帯に発達するオオシラビソの森へと移り変わる。樹上では「ヒーホー」とウソの鳴き声が聞こえる。樹間には「チリチリ」と鳴きながら葉先に食物をさがすキクイタダキを見つけることができる。

3 生息分布北限のライチョウ

　火打山方面への分岐点を折れると、やがて高谷池ヒュッテに着く。池を左に見ながら進むと高山植物の花畑となる。緩やかな坂を下ると眼前に火打山と「天狗の庭」といわれる高層湿原が広がる。登山道を上っていくとライチョウ平に着く。ここから山頂までのハイマツ帯がライチョウの生息域である。日本で最も小さな20羽ほどの個体群で、絶滅が心配されている。驚かさずに静かに観察しよう。ライチョウは早朝や夕方にハイマツ帯から出て採食することが多い。ヒュッテに宿泊し、早朝に頂上を目指して観察することをおすすめする。

ハイマツ群落の雪渓にライチョウが食べ物をさがす

後立山連峰や北アルプスが谷間の向こうに見える

谷間から吹き上がる風にのってルリビタキの声が響きわたる

火打山で見られる鳥
笹ヶ峰ー黒沢／マミジロ、コルリ、クロジ、アオゲラ、ゴジュウカラ、ミソサザイ
十二曲りー富士見平／コマドリ、ルリビタキ、キクイタダキ、キバシリ、ヒガラ、メボソムシクイ、ウソ
火打山頂付近／ライチョウ、イワヒバリ、カヤクグリ、ホシガラス、アマツバメなど
おすすめの探鳥時期：7月上旬から8月
雪解け時期は年によって異なるので、必ず登山情報を確認しよう

■アクセス
　自動車／上信越自動車道「妙高高原IC」から約50分
　電　車／北陸新幹線上越妙高駅下車えちごトキめき鉄道乗り換え妙高高原駅下車、夏期は笹ヶ峰行き専用バスが運行している
■施設：宿泊／高谷池ヒュッテ
　予　約／杉野沢観光協会　TEL 0255-86-6000
　トイレ／登山口入口前キャンプ場

五頭連峰を望む夏の瓢湖

夏の湖面は魚をねらう鳥たちで大にぎわい
瓢湖（阿賀野市）
ひょうこ

ヨシをつかんで湖面の魚を狙うヨシゴイ

1 連山と青空を映す夏の瓢湖

　瓢湖は、秋冬期に多数のハクチョウやカモの仲間が渡来・越冬するハクチョウの湖として知られている。夏期も多くの野鳥が生息し、1年を通して野鳥観察を楽しむことができる県内有数の探鳥地である。ハスなどの水生植物が、湖面を覆うほどに生育し、7月から8月上旬にかけてはハスの花が満開となる。夏の野鳥観察は、瓢湖（本池）に沿って白鳥観察舎脇から東新池に至る遊歩道沿いがおすすめである。橋の上からはハス群落が広がる水面と、五頭の山々を一望することができる。

2 湖面に群れるサギたち

　湖面に沿って桜並木の遊歩道を進み、島の上や湖岸で魚を狙うアオサギや、ダイサギ、チュウサギ、コサギなどのシラサギ類を観察しよう。ヨシやヤナギなど湿地性植物群落の島では、島かげに夜行性のゴイサギが潜む。湖面では、バン（クイナ科）が水生植物を採食する。黒色の体に赤い額板が目立つ成鳥と親鳥よりも体色の薄い幼鳥を見つけてみよう。ハスに止まり魚を狙い、水中に飛び込んで小魚を捕らえるカワセミ、ハスの葉を縫うように泳ぐカルガモの親子にも出会うことができる。

3 ハスの花咲く水面に小魚を追う

　日本で最も小さいサギの仲間ヨシゴイ（全長36.5㎝）を間近で観察できることは夏の瓢湖の魅力である。ヨシゴイはヨシ原の広がる湿地に渡来し繁殖するが、近年は全国的に減少している。ヨシやハスの茎に止まり、水面を泳ぐタモロコなどの小魚を狙う。スローモーションのように徐々に首を伸ばしてから、瞬時に魚を捕食する様子や、ハスの葉の上を翼を広げて小走りに移動する様子など、捕食行動を観察してみよう。ヨシ原に溶け込むようにじっとしている擬態の姿や、ヨシ原の中で待つ幼鳥に給餌する子育ての様子に出会うこともできる。ヨシゴイよりも少し大きなササゴイが湖面をフワフワと飛ぶ姿もさがしてみよう。

ハスの茎につかまり魚を狙うヨシゴイ

カワセミはハス花托（かたく）から湖面に飛び込む

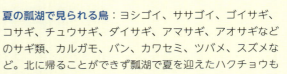

夏の瓢湖で見られる鳥：ヨシゴイ、ササゴイ、ゴイサギ、コサギ、チュウサギ、ダイサギ、アマサギ、アオサギなどのサギ類、カルガモ、バン、カワセミ、ツバメ、スズメなど。北に帰ることができず瓢湖で夏を迎えたハクチョウも観察できる

おすすめの探鳥時期：7月から8月上旬

お願い：瓢湖では鳥たちとの距離が近いため、マナーを守って驚かさないように静かに観察しよう

■アクセス
電　車／JR羽越本線水原駅から徒歩約20分
　　　　または車で5分
自動車／磐越自動車道安田ICから約15分
　　　　北陸自動車道新潟亀田ICから国道49号線
　　　　経由約30分
■関連施設：大型駐車場、トイレ完備、白鳥観察舎、資料館
■問合せ：阿賀野市瓢湖　公園管理事務所
　　　　電話0250-62-2690

夏の瓢湖にはサギ類が多数生息する　魚を捕らえるダイサギ

秋を生きる鳥

日本海の波がつくる岩礁地帯は長く続いている

岩礁の波間を生きる鳥たち

山北海岸笹川流れ（村上市）

岩場のイソヒヨドリがくだける波にうたう

1 岩礁生態系の鳥をたずねて

　新潟県の長い海岸線は砂浜地帯が多く、岩礁が続く海岸は村上市、糸魚川市、佐渡島外海府などに限られる。村上市山北地区の海岸は葡萄山地が日本海に流れ込むように波打ち際から岩がそそり立ち、山地と海が作り上げた美しい「笹川流れ」として知られる。11kmに及ぶ岩礁の海岸には多くの魚類が生息し、透明度の高い海ではタカの仲間ミサゴが魚を狙って海に飛び込む。水中に潜って魚を追い掛けて捕食するウミウが岩礁に体を休める。海岸に沿って、波間に食物をさがすカモメ科のウミネコは、大きな岩に集団で営巣し子育てを行う。

2 そそり立つ断崖でハヤブサが子育てをする

　多くの渡り鳥が海沿いをたどり、春は南から北へ、秋は北から南へ移動する。海を見下ろす断崖で待ち受けるハヤブサは、獲物を見つけると急降下で襲い、逃げ場のない海上へ追いやって頑丈な脚で蹴り上げて狩る。ドバト、アオバト、コガモ、ヒヨドリ、ムクドリなど、さまざまな種類の鳥を捕らえて食物とし、そそり立つ断崖で子育てを行う。岩礁生態系の頂点に立つハヤブサの生息数は多く、2～3kmを隔ててつがいが生活している。寒風の中でも狩りを行い、1年を通して生きている。

3 イソヒヨドリが海の風とうたう

　イソヒヨドリはツグミの仲間で、岩礁地帯の海岸に生息している。岩場に潜む虫など小さな生き物を捕らえ、崖の隙間などで繁殖する。波しぶきのかかる岩の上で美しい声でさえずり、蒼い海に溶け込む青い鳥をさがすバードウォッチングは、岩礁海岸での野鳥観察の大きな魅力である。

沖合の魚を捕らえたミサゴ

岩礁に休むウミウ

親鳥のお腹の下でウミネコのヒナが育っている。

ハヤブサは岩礁生態系の頂点に位置する

笹川流れで見られる鳥：ハヤブサ、ミサゴ、ウミネコ、イソヒヨドリ、ウミウなど。沖合の粟島ではオオミズナギドリとウミウが繁殖し、「オオミズナギドリおよびウミウ繁殖地」として国の天然記念物に指定されている
おすすめの探鳥時期：8月から10月

■アクセス
　自動車／日本海東北自動車道朝日まほろばIC
　　　　　から約30分
　電　車／JR羽越本線「村上駅」下車、タクシーで約30分
■施設：道の駅「笹川流れ（夕日会館）」
　村上市のサーモンパーク「いよぼや会館」はサケや淡水魚の生態展示を行っている

063

多様な樹種の紅葉に渡る鳥たちが生息する

秋の公園散歩道は鳥たちとの出会い
鳥屋野潟公園（新潟市中央区）

昼間は広葉樹で休むトラフズク（フクロウ科）

1 多様な樹木が彩る散策路で渡り鳥に出会う

　鳥屋野潟公園には多くの種類の樹木が植栽され、生長した木々が街の中に大きな森を形成している。9月から10月の渡り時期には、繁殖地で子育てを終え南方へ渡る途中に森に立ち寄る鳥たちに出会うことができる。秋はその年に巣立った若鳥が多く見られる。枝先に止まって飛翔する昆虫を狙いフライキャッチを行うコサメビタキ、サメビタキ、オオルリなど多くのヒタキ類に出会える。エゾビタキは春よりも秋に多い。公園の森では、標高の高い山地で繁殖したコマドリ、コルリが虫をさがす。散策路に出てきて間近で出会うこともある。樹上にはホトトギスが止まり、広葉樹の葉を食べる大型の毛虫を捕食する。

2 常緑樹にねぐらをとるトラフズク

　秋が深まると常緑樹でねぐらをとるトラフズク（フクロウ科）が見られる。公園周辺や平野部農耕地の集落や社寺林で繁殖する個体が移動してくる。日中はカラスなどの威嚇を避けるため、カラスが近づかない人通りの多い場所の樹木でねぐらをとる。夜間は公園の林縁部で森のドングリの実を食べるネズミや広場の上を飛ぶコウモリ、樹間に翼を休める小鳥類など、公園の森や潟に生きる多様な小動物を食物として秋冬を生きている。

夜に活動するトラフズクは秋冬期の公園に数羽の群れで過ごす

コサメビタキは低山の落葉広葉樹林に繁殖する

サメビタキは亜高山針葉樹林に繁殖する

エゾビタキはシベリアなど北方で繁殖する

秋の鳥屋野潟公園で見られる鳥：トラフズク、エゾビタキ、サメビタキ、コサメビタキ、オオルリ、キビタキ、ノビタキ、コルリ、コマドリ、サンコウチョウ、ホトトギス、クロジ、ウグイス、アオジ、ベニマシコ、ヤマガラ、エナガ、シジュウカラなど
おすすめの探鳥時期：9月から11月

■アクセス
バ ス／新潟駅南口1番のりば新潟市民病院行き又は曽野木ニュータウン行き（約20分）
自動車／新潟バイパス（国道8号線）女池インターから約5分、磐越自動車道 新潟中央ICから約2分で鳥屋野潟公園（鐘木地区）
駐車場から徒歩で公園内を通り観察舎「鳥観庵」
鳥屋野潟公園　電話025-284-4720

065

田植え後に大湿原となった水田に立ち寄るムナグロ（チドリ科）　極北を目指して渡りゆく

四季の田んぼを渡る鳥たち

阿賀北水田地帯（新発田市）

草はらが広がる休耕田で繁殖するヒバリ

1 春は広大な湿原

　雪国新潟の春は遅く、農耕地では4月に田んぼが耕され、5月初旬に田植えが行われる。田植え後は見渡す限り大湿地に変貌する。田植えが終わるのを待っていたかのように、南方で越冬したムナグロなど、淡水性のシギやチドリが群れで飛来し、活動を始めた虫や小さな生き物を捕食する。田んぼには鳥たちの食物となる生き物がたくさんすんでいる。ムナグロの群れはエネルギー補給を行い、繁殖地である極北ツンドラを目指して旅を続ける。小さな花々が咲く休耕田では繁殖期を迎えたヒバリが高らかにさえずる。

2 夏は壮大な草原

　太陽の日差しを受けて生育する稲は日に日に背丈を伸ばす。稲の生長とともに田んぼのオタマジャクシが成長し、変態したばかりのたくさんの小さなアマガエルが田んぼや畔道で見られるようになる。アマサギの大群が田んぼに降り立ち、カエルやイナゴなど夏の水田で爆発したかのように出現する生き物を捕食し、命をつないでいる。

3 秋は荒涼とした平原

　たわわに実った稲穂が刈り取られ、水田は切り株が目立つ荒涼とした大地に変貌する。見通しのよい田んぼにツグミがミミズをさがす。農耕地上空を飛ぶチョウゲンボウやノスリなど、猛禽類がハタネズミを狙う。夜間は同じ空間をフクロウ科のコミミズクが飛びネズミを捕らえる。

4 冬は真っ白な雪原

　稲刈り後の二番穂や落ち穂をコハクチョウがさがし、夕方遅くまで田んぼで採食する。多少の積雪でもくちばしをシャベルのように使って雪を取り除き、食べることができる。雪解け後の田んぼでは、平たいくちばしを使って落ち穂などを濾しとり食べている。

夏の田んぼにイナゴをさがして採食と移動を繰り返すアマサギの大群

農耕地にハタネズミを狙うチョウゲンボウ（ハヤブサ科）

農耕地休耕田はノビタキの通り道

飯豊山・二王子岳を背景に水田を飛行するアマサギの群れ

田んぼで見られる鳥

春／ムナグロ、ハマシギ、キアシシギ、タカブシギ、ケリなどのシギ・チドリ類、ヒバリ、カワラヒワなど
夏／アマサギ、ダイサギ、チュウサギ、コサギ、アオサギ、ゴイサギなどのサギ類、ツバメなど
秋／チョウゲンボウ、ノスリ、コミミズク、ノビタキ、ニュウナイスズメなど
冬／コハクチョウ、ヒシクイ、マガン、タゲリ、タシギ、ツグミ、シロハラなど

アクセス

自動車／日本海東北自動車道新発田ICもしくは、中条IC
電　車／JR羽越本線金塚駅下車
※阿賀北地域とは新潟県下越地方の阿賀野川北部一帯の総称 新潟市北区、新発田市、胎内市などを含む広域なエリア

067

壮大なタカ渡りのロマンをみる

山本山高原（小千谷市）

1段目　10月以降に多く渡るノスリ（翼開長137cm）
2段目　ハチクマは個体や雌雄によって、体や翼の色がいろいろなタイプに分けることができる（翼開長135cm）
3段目　9月から11月にかけて渡るツミ（翼開長63cm）
4段目　9月下旬に集中して渡るサシバ（翼開長115cm）
※翼開長は全てメスの大きさを表す

1　越後平野に沸き立つタカ柱

　標高336mの山本山は越後平野の南端に位置しており、山頂の展望台から平野を眺望できる。晴れた日には、100km離れた新潟市や妙高山、苗場山、越後三山などの山々が見える。眼下に蛇行する信濃川の流れを背景にタカ柱が沸き立つ。

2　秋空に飛ぶタカの渡り

　秋の渡りとは、北半球アジア東岸域で繁殖したタカが、主食とする両生・爬虫類、昆虫などの食物を確保できなくなるため、南方に移動する行動である。
　気温が上がる9時頃から、稜線や青空の中、雲の間を双眼鏡でさがそう。上昇気流を捉えて帆翔するタカたちの迫力満点の渡りが観察できる。タカ類は1km上昇すると、10kmを移動することができる。9月中旬から下旬にかけては、両生・爬虫類、昆虫を主食にするサシバやハチクマを中心に渡りが見られる。10月に入ると小型の哺乳類を主食にするノスリが多くなる。小鳥を主食にするツミやハイタカは、9月から11月中旬頃まで長期間観察される。数は多くないが、オオタカやミサゴ、ハヤブサ、チゴハヤブサなども観察され、イヌワシが姿を見せることも山本山の魅力といえる。
　タカの渡りは天候に左右される。晴れた日に数百羽が飛行するタカも雨の日は飛ばない。気象情報を十分に確認したい。

3　森の梢を渡りゆく小鳥たち

　山頂周辺はサクラやクリ、ブナなどの木々が茂り、3階の展望台からはカラ類、ヒタキ類などが、梢をかすめて渡って行く姿を観察しやすい。メジロ、カケスなどは数十羽の群れになって渡っていく。上空を見上げるとツバメ類やアマツバメなどが飛び交う。
　山頂には、多くの人たちが訪れる。写真撮影に専念するなら、展望広場や東屋がある沢山ポケットパークを利用しよう。
　山本山は125種類の鳥類が観察されていて、春はオオルリやノジコなど里山の鳥たちの姿や声を楽しむことができる。
　初冬には山本山調整池（第1調整池）に数百羽のカモが飛来する。防寒対策を十分にして、池の南側ある遊歩道から観察しよう。

山本山で見られる鳥

秋／サシバ、ハチクマ、ノスリ、ツミ、ハイタカ、オオタカ、イヌワシ（以上タカ科）、ミサゴ（ミサゴ科）、ハヤブサ、チゴハヤブサ（ハヤブサ科）、カケス、メジロなど
アマツバメ、ハリオアマツバメ、ショウドウツバメ、ウグイス、サメビタキ、エゾビタキなど
春／キビタキ、オオルリ、サンショウクイ、イカル、ノジコ、アカゲラ、など
初冬／マガモ、コガモ、キンクロハジロ、ホシハジロなど

おすすめの時期

タカの渡り／9月上旬〜10月中旬
春／4月中旬〜5月
探鳥コース：山本山展望台周辺
探鳥会：日本野鳥の会新潟県が9月に2回開催。連絡先　事務局　桑原哲哉（025-792-0907）長岡地域振興局環境課が5月と9月に開催している

■アクセス
電　車／JR上越線小千谷駅からタクシーで15分
自動車／関越自動車道小千谷ICまたは川口ICから10〜15分で山頂展望台
■施設：駐車場・トイレあり。飲料水は持参すると良い

展望台から越後平野を望む　　　　山からの上昇気流に乗って渦を巻くように高く上がり、やがて南へ飛行する

「渡り」

ハヤブサ 115cm

タカの渡り
上昇気流で渦を巻くように空高く上がり（タカ柱といわれている）、位置エネルギーを運動エネルギーに変えて、南の方向に滑るように飛行し、移動する

ヒヨドリなどの小鳥は、尾根づたいに単独で、群れで渡っていく

チョウゲンボウ 76cm

渡り鳥の旅

翼を持つ鳥は、空間を移動する能力に優れた動物です。「渡り」とは、繁殖のための食物確保を目的に、長距離移動を春と秋に行うことです。鳥の種は飛来数やコースがおおよそ決まっています。鳥の渡りや分布は、生活の場所や利用の仕方によって分けています。

留鳥（りゅうちょう） その場所に年間を通じて観察され、ほとんど移動しない鳥。スズメ、カラスなど

夏鳥（なつどり） カッコウ、ツバメなどのように、日本で春から夏に繁殖し、冬には暖かい南の国に渡る鳥

冬鳥（ふゆどり） ハクチョウやツグミなどのように、シベリアなど北方で繁殖し、冬を越すため日本にやってくる鳥

旅鳥（たびどり） シギ・チドリの仲間のように、日本が渡りのコースの中継地になっていて、春と秋に観察される鳥

漂鳥（ひょうちょう） ウグイス、ルリビタキなど、夏は山地や高山などで繁殖し、冬に平野部に小規模な移動をする鳥

迷鳥（めいちょう） 本来の生息地や渡りのコースから外れて迷い込む鳥。幼鳥や若鳥が多い

飛来（ひらい） 季節により、日本国内を移動してくること

渡来（とらい） 海を渡って日本に移動してくること

※稀（まれ）な観察例：ツバメが南に帰らず日本で冬を越すことや、ジョウビタキが北へ帰らず繁殖することなどがあります。渡りの条件は、環境の変化（繁殖地・越冬地）などによってさまざまなケースがあります

鳥の渡りが見られる場所

市街地の公園	・鳥屋野潟公園	・高田公園など
海岸林の公園	・紫雲寺公園	・青山海岸林など
日本海側の島	・佐渡島	・粟島など
丘陵地	・山本山高原	・剣龍峡
	・悠久山公園など	
河川湖沼	・福島潟	・朝日池など
	・信濃川	・大河津分水など
水田や湿地	・阿賀北	・中之島 ・西蒲原など

初冬を生きる鳥

山地から流れ出す大量の雪　解け出す水がつくり出した広大な湿地

オオヒシクイの生命(いのち)をつなぐ越冬地

福島潟（新潟市北区・新発田市）

ロシア・カムチャツカの繁殖地から渡来するオオヒシクイの群れ

1　越後平野大パノラマ

　信濃川と阿賀野川の2大河川によってつくり出された越後平野は、1万年ほど前は広大な湿地であった。福島潟は越後平野の原風景を今に残し、多様な生き物が生息する新潟県最大の潟湖である。

　水の駅「ビュー福島潟」では福島潟の自然や生き物について展示・解説している。屋上から福島潟の全景や雪を頂く五頭連峰、その遠方に飯豊連峰を望む雄壮な景色を展望することができる。館内にはレンジャーが常駐しているので、野鳥情報を入手してから観察を始めたい。屋根がヨシでできた「潟来亭(がたらいてい)」を通り、ヨシ原に生息するオオジュリンなどの小鳥類を観察しながら進むと観察舎「雁晴れ舎(がんばれしゃ)」に至る。直接車で観察舎に行くこともできるが、駐車スペースには限りがある。

　観察舎屋上からは、目の前に潟の湖面とヨシ原が大きくモザイク状に広がり、福島潟を生きる鳥たちを見ることができる。

2　オオヒシクイが渡り来る潟

　毎年9月末になるとシベリア、カムチャツカからガンの仲間で国の天然記念物ヒシクイ（亜種オオヒシクイ）が渡来する。多い年には5,000羽を超え、日本最大の越冬地になっている。夜明けとともにオオヒシクイはヨシ原が入り組む潟を飛び立ち、周辺の農耕地へ向かう。潟周辺の水田地帯では、いくつもの群れに分かれて採食を行うオオヒシクイやマガンの大群を観ることができる。コハクチョウ、オオハクチョウ、カモ類も多数渡来し、国内有数の水鳥越冬地として全国に知られている。

3　広大な湿地を生きる鳥たち

　タカ科チュウヒは翼を浅いV字型に広げながらヨシ原を低く飛び、ヤチネズミなどを狙う。河畔林(かはんりん)にはオオタカが止まり、カモ類の動きをうかがっている。湖面上空には2mにもなる翼を広げオジロワシが獲物を狙い、逃げ惑うカモの大群が乱れ飛ぶ。鉄塔などの高所にはハヤブサが止まり、湖面をふわふわと飛ぶタゲリなどを襲う。潟や周辺農耕地には近年シジュウカラガンの群れが飛来し、注目されている。

湖沼生態系の頂点に位置するオジロワシがカモの群れを飛行する

ヨシ原にネズミをさがして飛行するチュウヒ（タカ科）

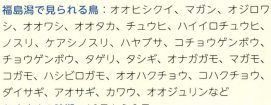

福島潟で見られる鳥：オオヒシクイ、マガン、オジロワシ、オオワシ、オオタカ、チュウヒ、ハイイロチュウヒ、ノスリ、ケアシノスリ、ハヤブサ、コチョウゲンボウ、チョウゲンボウ、タゲリ、タシギ、オナガガモ、マガモ、コガモ、ハシビロガモ、オオハクチョウ、コハクチョウ、ダイサギ、アオサギ、カワウ、オオジュリンなど
おすすめの時期：10月から2月

雪の積もった農耕地に採食するオオヒシクイの群れ

■アクセス
自動車／日本海東北自動車道豊栄新潟東港ICより約5分、国道7号線(新々バイパス)豊栄ICから約10分でビュー福島潟
電　車／JR新潟駅下車、白新線乗り換え約20分で豊栄駅、徒歩約30分(タクシー約5分)でビュー福島潟
連絡先：水の駅「ビュー福島潟」
〒950-3328 新潟県新潟市北区前新田乙493
TEL：025-387-1491

オオヒシクイは、ヒシクイと比べくちばしと首が長めで、湿地に適応している

米山を望む早朝の朝日池を飛び立つマガン、ヒシクイの大群

湖面を飛び立つ雁の大群をたずねて

朝日池・鵜ノ池（上越市大潟区）

絶滅危惧種ハクガンの群れが朝日池に飛来する

1 高田平野に点在する湖沼群

上越地方の高田平野（頸城平野）北部には多くの湖沼が点在する。最も大きな朝日池にはマガン、ヒシクイ等のガン類やカモ類が多数渡来し、上越地方最大の水鳥越冬地として知られている。隣接する鵜ノ池は県立大潟水と森公園として整備され、四季を通じて多目的に利用されている。

2 朝日池を飛び立つ雁の群れ

秋が深まる10月、北方からガンやカモ類が渡来し、11月には数千羽の大群となる。ガン類は夜明けとともに一斉に鳴きながら大群で湖面を飛び立ち稲刈り後の水田に向かう。マガンはヒシクイよりも小型で、成鳥は腹部に黒い横しま模様があり、くちばしの基部が白色である。ヒシクイの鳴き声は「ガハハン、ガハハン」と太く、マガンは甲高い声で「キャハハン、キャハハン」と聞こえる。ガン類が飛び立った湖面ではマガモやコガモの群れの中にトモエガモやヨシガモ、オカヨシガモなどをさがしてみよう。潜って魚や小動物を捕食するミコアイサ、カワアイサにも出会える。ガン類は日中も休息のため採食場から湖面に戻ってくることが多い。カギ型に隊列を組んで飛行する様子や、湖面に降りるときに乱れ落ちるような飛翔行動、ヒシクイがヒシの実を食べる様子などを観察することができる。

3 カモが群れる湖に猛禽類が集まる

湖面に群れるカモ類を狙ってオオタカが飛び、上空をハヤブサが飛行する。ミサゴ（ミサゴ科）はホバリングを行ないコイなどの大型魚を狙う。チュウヒはヨシ原の上を低く飛びネズミを狙う。松の高木にオジロワシが止まり、湖面に群れるカモの様子をうかがう。

4 ハクガンの越冬地

近年は毎年厳冬期にハクガンの群れが飛来する。東北地方の越冬地が大雪で食物を採ることができなくなったときに朝日池まで南下するといわれている。他のガン類とともに水田で採食するが、警戒心が強いため近づかずに遠くから静かに観察したい。

稲刈り後の頸城平野で採食するマガン(くちばし基部が白い)とヒシクイの群れ

湖面上空をホバリングしながらミサゴが魚を狙う

ヒシの実を採食するヒシクイ(亜種オオヒシクイ)

タシギは池や水田に長いくちばしを刺して食物をさがす

朝日池・鵜ノ池で見られる鳥：マガン、ヒシクイ（亜種オオヒシクイ）、ハクガン、オオハクチョウ、コハクチョウ、マガモ、コガモ、トモエガモ、オカヨシガモ、ヨシガモ、ヒドリガモ、オナガガモ、ホシハジロ、キンクロハジロ、カワアイサ、ミコアイサ、カンムリカイツブリ、ハジロカイツブリ、ミサゴ、オオタカ、チュウヒ、ノスリ、オジロワシ、ハヤブサ、タゲリ、タシギ、オオバン、ダイサギ、アオサギ、セグロセキレイなど
おすすめの探鳥時期：10月から2月

■アクセス
　自動車／北陸自動車道柿崎ICから車で約15分
　電　車／JR信越線潟町駅から徒歩約10分
■施設：新潟県立大潟水と森公園　大型駐車場、トイレ有り
　探鳥会／日本野鳥の会新潟県（事務局 桑原哲哉 025-792-0907）が11月に探鳥会を開催

瓢湖を飛び立ち水田に向かうコハクチョウの群れ

国の天然記念物　日本の白鳥の湖

瓢湖(阿賀野市)

オオハクチョウの群れ

1　「白鳥の湖」瓢湖のハクチョウ

　国の天然記念物「水原の白鳥渡来地」は昭和29年に瓢湖に飛来したオオハクチョウの給餌成功にはじまる。ハクチョウは年々飛来数を増し、現在では7,000羽を数える日本一の白鳥渡来地として全国に知られている。2008年にはラムサール条約登録湿地に指定された。瓢湖をはじめとする湖沼群に飛来するハクチョウは、全個体数の約90%がコハクチョウで、オオハクチョウは少ない。

2　コハクチョウとオオハクチョウ

　瓢湖ではオオハクチョウとコハクチョウを見ることができる。大きさは名前のとおりオオハクチョウの方がコハクチョウよりもひとまわり大きく、首も長い。大きな識別点はくちばしの色である。オオハクチョウはくちばしの黄色い部分の面積が大きく鼻孔の前方まで鋭角に伸びている。コハクチョウは黄色い部分が少なく丸みを帯び、黒色部分が多く見えるので比較して観察してみよう。

3　カモ類を観察しよう

　瓢湖はカモ類の観察に最適な探鳥地である。白鳥観察舎前にはさまざまな種類のカモが食物を求めて集まっている。水中に潜って小魚や水生生物を捕食するホシハジロ、キンクロハジロなど、潜水採餌ガモが見られる。植物性プランクトンを食べるマガモ、ハシビロガモ、オナガガモなど、水面採餌ガモと比較して観察しよう。春が近づくと、オスは鮮やかな繁殖羽となり、メスとペアで行動する。鮮やかな色彩のオスと地味な羽色のメスを観察しよう。

五頭連峰を望む瓢湖で越冬するハクチョウの群れ

ハシビロガモ

マガモ

オナガガモ

コガモ

ヨシガモ

ヒドリガモ

キンクロハジロ

ホシハジロ

冬の瓢湖で見られる鳥：オオハクチョウ、コハクチョウ、マガモ、ハシビロガモ、オナガガモ、コガモ、ヨシガモ、ヒドリガモ、キンクロハジロ、ホシハジロ、ミコアイサ、ヒシクイ（亜種オオヒシクイ）、チュウヒ、オオタカ、オジロワシなど
おすすめの探鳥時期：11月から2月

■アクセス
　電　車／JR羽越本線水原駅から徒歩で30分
　　　　　またはタクシーで5分
　自動車／磐越自動車道新津ICから車で15分
■問合せ：阿賀野市瓢湖 公園管理事務所 0250-62-2690
　関連施設／大駐車場有、お土産
　資料館 白鳥の里

079

厳冬の積雪期を湖沼で過ごし採食地の雪解けを待つハクチョウの群れ

冬の生態系を街の湖沼に観る

鳥屋野潟（新潟市中央区）

新潟県庁を背景に早朝の潟を飛び立ち水田に向かうコハクチョウ

1 市街地に残る水鳥のオアシス

　JR新潟駅から南に1.5kmほどで鳥屋野潟の弁天橋に至る。橋からは新潟の原風景である広大な潟と、遠くに弥彦山、角田山を望むことができる。新潟市の中心部に残る鳥屋野潟には開けた湖水面が東西に広がり、潟を縁取るようにヨシ原が発達し、街と潟をやさしく隔てている。潟南西部には鳥屋野潟公園が整備されている。潟沿いに建つ観察舎から鳥屋野潟の鳥を訪ねよう。

2 4,000羽のハクチョウが飛来する潟

　朝晩の冷え込みが感じられる10月初旬、北の繁殖地からコハクチョウの第一陣が鳥屋野潟に到着する。日を追うごとに数を増し11月初旬には4,000羽を超える。潟でねぐらをとったコハクチョウは夜明けとともににぎやかに鳴き交わし、家族単位で次々と飛び立ち、南東部に広がる水田地帯に向かう。夕方まで田んぼで落穂や二番穂を採食したコハクチョウは日暮れに潟に戻り夜を過ごす。積雪の多い厳冬期は、佐潟など積雪の少ない湖沼に移動するが一部はとどまり、水田の雪解けを待つ。

3 冬の潟に観られる15種の猛禽

　コハクチョウが水田に向けて飛び立った後の潟にはマガモやコガモなど数千羽を数えるカモたちが群れる。河畔林に止まるオオタカは湖面を低く飛びコガモを狙う。厳冬期に飛来するオジロワシは木立ちに止まり、カモや湖面を泳ぐコイなどを狙う。オジロワシが飛び立つとカモの群れが一斉に飛び立ち大群で逃げ惑う。ミサゴがホバリングで上空から魚を狙い、チュウヒはヨシ原の上を飛行して獲物をさがす。潟を見下ろす高い建造物にはハヤブサが止まり湖面を飛ぶ鳥を狙う。冬の鳥屋野潟ではこれまでに8種のタカ類、3種のハヤブサ類、4種のフクロウ類が観察されており、都市の中心に豊かな生態系が残っている。

鳥屋野潟上空を飛ぶ猛禽 オジロワシ、オオワシ、ハヤブサが一枚の写真に同時に写る冬季生態系

ハクレン（コイ科）を捕らえたミサゴ（ミサゴ科）

湖面で休むコガモを狙い飛行するオオタカ（タカ科）

潟辺のネズミに襲いかかるノスリ（タカ科）

冬の鳥屋野潟で見られる鳥：コハクチョウ、オオハクチョウ、ヒシクイ（亜種オオヒシクイ）、マガモ、コガモ、カルガモ、オナガガモ、ミコアイサ、カンムリカイツブリ、ハジロカイツブリ、カイツブリ、オオバン、クイナ、ミサゴ、オオタカ、ノスリ、チュウヒ、オジロワシ、ハヤブサ、アカゲラ、コゲラ、ミソサザイ、シメ、キジ、キジバト、オナガ、トラフズク、コミミズクなど
おすすめの探鳥時期：10月下旬から2月
探鳥会：新潟市民探鳥会（主催新潟市）12月第1日曜日
問合せ：新潟市環境政策課　電話：025-226-1359

■**アクセス**
　自動車／新潟バイパス（8号線）女池インターから約5分磐越自動車道 新潟中央ICから約2分鳥屋野潟公園（鐘木地区）、駐車場から徒歩で公園内を通り観察舎「鳥観庵」で観察
■**関連施設**：新潟県立自然科学館　新潟県に生息する野鳥、動物や自然について展示・解説している

雪国で越冬するハクチョウの生活

1 朝焼けに染まる湖で目ざめる

　ハクチョウは10月に入ると極北の湿地から越後平野に渡来し、湖沼や広い河川にねぐらを形成して夜を過ごす。ねぐらは北西の風雪を避けることのできるヨシ原の陰や入江状の場所が選ばれ、風向きによって場所を変える。夜明けとともに目覚めたハクチョウは、羽づくろいを行い、羽毛を整え、互いに鳴き合って家族同士の確認を行い、飛び立ちの準備を始める。

2 採食地に向けて飛び立ち

　夜明けから1時間程経つと、開けた湖水面に移動し、首を上下させ鳴きながら家族間でタイミングを合わせ、水面を蹴って飛び立つ。その年に生まれた幼鳥と親鳥が一つの群れになって飛ぶが、他の家族もつられて同様に一緒に飛び立つ。「コー、コー」と鳴きながら飛行し、家族の群れから離れないように合図を送り、採食場所の水田に向かう。

3 採食地は農耕地水田

　ハクチョウの家族は、湖沼周辺に広がる水田に降り立つ。稲刈り後の水田には落ち穂や、稲の切り株から生長した二番穂があり終日採食を行っている。秋冬期は降雨・降雪量が多く、湿地状態の水田では、平たく大きなくちばしで落ち穂を泥ごとすくい取ることができる。積雪時はくちばしを使って雪を取り除き、稲の根など食物をさぐり出して食べることができる。

4 ねぐらと採食場所が越冬地の条件

　暗くなり太陽が沈む頃まで採食を行ったハクチョウは湖沼のねぐらに戻り夜を過ごす。積雪量が多く、水田で採食することができないときは、日中も湖沼にとどまり、水草などを食べる。「安全なねぐら」としての湖沼、「採食場所」としての農耕地水田の存在が、越後平野のハクチョウの越冬個体数が全国で最も多い理由と考えられる。

5 ハクチョウと平野農耕地

　ハクチョウの大きな群れはつがいと幼鳥で構成される。4、5羽の家族群が基本となっている。ひとかたまりになって親鳥と幼鳥が水田を移動しながら落穂を採食する。家族同士が接近し、食べる場所をめぐって争うことは多い。かん高い声で鳴き、場所占有を主張し、ときには激しい争いになる。刈取り後の水田は越冬期の命をつなぐ重要な場所である。

6 ハクチョウはいつ頃どれくらい生息しているのか

　コハクチョウは10月上旬から、オオハクチョウは11月頃渡来し、徐々に数を増し11月中旬には最も個体数が多くなる。新潟市鳥屋野潟では最大で平均約3,000羽を超える。越後平野には佐潟、福島潟、瓢湖などの湖沼が点在し、どの湖沼でも同様の傾向がある。最も個体数が多いときは4カ所の湖沼および阿賀野川河口を合わせ20,000羽に達し、日本では最大のハクチョウ越冬地となっている。

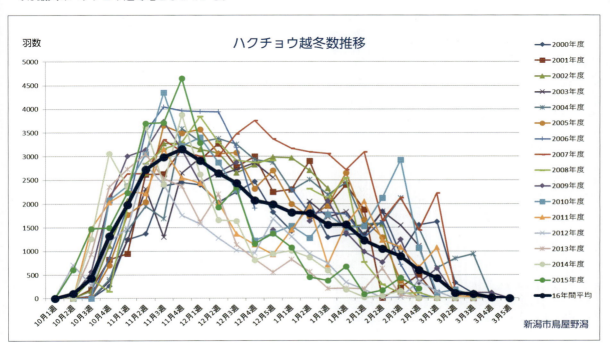

| カモの観察入門　　多様な色彩とくちばし |

秋冬の越冬期に多数見ることができる**マガモ**（頭緑色オス、右メス）と小さな体の**コガモ**（頭赤緑色オス、茶色メス）の群れ

オナガガモ　カモ類は水の中で交尾する（上オス、下メス）

キンクロハジロ（オス）とホシハジロ（左メス、右オス）

カルガモ　　1年を通して生息し、湖沼、河川、農耕地で繁殖する

1 ビギナーにおすすめ　秋冬期のカモ観察

　9月下旬になるとシベリアなど北方から多くのカモ類が湖沼や河川に渡って来る。日中は湖沼で休息し、夜間は水田などで採食する個体が多い。カモ類は身近に観察できるので、バードウォッチングビギナーの方にはカモの観察がおすすめである。寒さ対策を万全にして近くの池や湖沼に出掛けてみよう。

2 多様なくちばし形態と食べ物

　主に水面で植物質の餌を食べるマガモやコガモ、カルガモなどは水面採餌ガモと呼ばれる。水面より尾を高く保っているので浮かんでいるように見える。水に潜って餌を捕るキンクロハジロやホシハジロの仲間は潜水採餌ガモと呼ばれ、主に水中で小動物や魚類を捕らえて食べる。水面採餌ガモに比べ尾の位置が低く、全体的に丸い印象である。くちばしに注目してみると、平たいくちばしのマガモ、幅広のハシビロガモ、カワアイサのギザギザしたくちばしなど、それぞれ特有の形態をしているので比べて観察してみよう。

3 異なる羽色のオスとメス

　多くのカモ類はオスとメスで羽色が異なる（カルガモは雌雄同色）。オスは冬期に鮮やかな生殖羽となり、メスの近くで羽を広げたり、首をふったりして求愛のプロポーズを行う。つがいを形成し、北の繁殖地に向う前に交尾行動などを行うことによって、繁殖をより確実なものにする。一方、メスは繁殖期に抱卵を行うとき、敵に見つからないよう目立ちにくい羽色となっている。ペアでいることの多いカモ類の雌雄の違いを見てみよう。

マガモ　顔、頭、首の羽毛は緑色の金属光沢

水中の水草を採食する2羽のオス　尻尾羽の巻き毛はオスの特徴

ハシビロガモ　カモ類中最も幅広のくちばし

幅広のくちばしを水につけてプランクトンを食べる（左オス、右メス）

カワアイサ　魚を捕らえるギザギザのくちばし

河川など魚の生息する場所に飛来し、潜って魚を捕らえる（左オス、右メス）

ミコアイサ　パンダのような羽模様のカモ

湖沼や河川に飛来する　潜って魚など小動物を捕食する（左オス、右メス2羽）

冬を生きる鳥

厳冬の複雑な渓谷地形に獲物をさがして飛ぶクマタカ

厳冬の山麓(さんろく)に生きる鳥たちをたずねて

飯豊(いいで)連峰山麓（新発田市）

170cmの大きな翼を広げ獲物を狙うクマタカ

1 厳冬の山麓

　厳冬期、大陸から吹きつける北西の風が日本海の水蒸気を雪に変え、新潟県の山々に豪雪をもたらす。大きな山塊が連なる飯豊連峰の山麓には多量の雪が降り積もる。雪が降り続き、山麓一帯がすべて雪に覆われると、鳥の姿はないように見える。しかし、その環境の中で餌資源を取り出すことのできる鳥たちは食べ物をさがし出し、厳冬の山麓をたくましく生き抜いている。

2 クマタカの生活と生息環境

　山地森林に生きるクマタカは1年を通して同じ場所で生息する大型猛禽である。翼開長170cmの大きな翼を自在に使い、樹木が密生する森の中で狩りを行っている。クマタカは夜明けとともに狩りを始める。雪の林に生活するノウサギ、ヤマドリを捕らえ、樹上に生きるリスや夜行性のムササビも獲物とする。複雑な山地の地形に生きる動物を、種類、大きさを問わず獲物とし、厳冬の山地に命をつなぐ。

3 冬の山地生態系の鳥

　多量の積雪に覆われた森では、樹幹にキツツキ類が食物をさがす。日本固有種のアオゲラはくちばしで木をたたき、静寂の山に音を響かせる。エナガ、コガラ、シジュウカラなどのカラ類は混群を形成し、猛禽ハイタカの急襲を警戒しながら木々を移動し、枝先や樹皮の下の虫をさがす。アトリ科のハギマシコやウソは雪のない傾斜地の草の種を採食し、マヒワやアトリは大群で、スギなど針葉樹の種子を求め冬の森を群飛する。

飯豊連峰山麓の冬景色（厳冬の焼峰山）

エナガなどカラ類は厳冬期も山地森林にとどまる

枝を自在に移動し樹皮の中の小さな虫を捕らえるコガラ

マヒワ（アトリ科）はスギなどの種子を採食する

厳冬期の山麓で見られる鳥：クマタカ、ハイタカ、イヌワシ、アオゲラ、オオアカゲラ、アカゲラ、コゲラ、エナガ、コガラ、ヒガラ、ヤマガラ、シジュウカラ、ゴジュウカラ、キクイタダキ、ウソ、ハギマシコ、マヒワ、アトリ、カケス、ハシブトガラスなど
木々の葉が落ち、夏期に比べ見通しの良い森や山麓の斜面ではニホンカモシカやトウホクノウサギなどの哺乳類に出会う
おすすめの時期：12月から3月

■アクセス
自動車／日本海東北自動車道新発田ICを降り赤谷方面へ
内ノ倉ダム、加治川ダムまでの道路は除雪されているので通行が可能であるが、厳冬の雪道走行となるので運転には十分注意してほしい
雪崩、落雪注意。目的地周辺には施設などがないので、新発田市内で準備をしっかり整えてから山に向かいたい

厳冬の樹林で餌をさがすアオゲラ

厳冬の山地を飛ぶハヤブサ

厳冬の山地渓流にハクチョウとハヤブサを観る
五十嵐川・八木ケ鼻（三条市下田）

つららが垂れ下がる雪の断崖にハヤブサが止まる

1 山地渓流の断崖に生きるハヤブサ

　八木ケ鼻の断崖は古くからハヤブサの繁殖地として知られ、県の天然記念物に指定されている。ハヤブサは八木ケ鼻の断崖に止まり、五十嵐川流域を飛ぶ鳥を狙い、襲いかかって獲物を捕らえている。崖地の営巣に適した場所は限られているため、吹雪の続く厳冬期も崖のなわばりにとどまる。4月初旬に営巣場所で産卵し、40日程でヒナが孵る。新緑の6月には巣立ちする。

2 清流のハクチョウに会いに

　ハクチョウは平野部の湖沼に渡来し越冬するが、三条市下田地域を流れる五十嵐川は、ハクチョウが飛来する中山間地の清流として知られている。豪雪の粟ヶ岳を源流とする五十嵐川では、地域の方々の長年の努力の結果、毎年ハクチョウが越冬するようになった。川沿いには「白鳥の郷公苑」が整備され、河原に下りて間近でオオハクチョウ、コハクチョウを観察することができる。

3 ハクチョウの生態観察に適地

　五十嵐川は透明度が高く、ハクチョウが長い首を水中に入れ、首をくねらせて食物をさがす様子や、水中で食べる様子などハクチョウの採餌行動を観察することができる。ハクチョウの幼鳥は親鳥と同じ大きさで、渡ってきた時の体羽は灰色をしている。家族で一緒に行動するので、群れの中からハクチョウの家族をさがしてみよう。ハクチョウの群れの近くにはマガモやコガモなどのカモ類も観察できる。1月を過ぎるとカモたちは繁殖期を迎え、鮮やかな生殖羽のオスがメスにアピールする求愛行動の様子も観察しよう。

数百羽のオオハクチョウとコハクチョウが越冬する五十嵐川

オオハクチョウの家族 灰色の幼鳥は北に向かう頃真白に変わる

長い首を使って水中の食物をさがす

白鳥の郷公苑から河原に下りて、間近にハクチョウを観察することができる

五十嵐川および八木ケ鼻で見られる鳥：ハヤブサ、オオハクチョウ、コハクチョウ、マガモ、コガモ、オナガガモ、カワガラス、セグロセキレイ、ヤマセミ、スズメ、ツグミ、ジョウビタキ、アカゲラ、アオゲラ、エナガ、シジュウカラなど
おすすめの探鳥時期：11月から2月

■アクセス
　自動車／北陸自動車道三条・燕ICから車で約40分
　バス／JR東三条駅前から「八木ケ鼻温泉行き」バスで35分「荒沢郵便局前」下車徒歩5分で白鳥の郷公苑
■関連施設：白鳥の郷公苑
　「いい湯らてい 日帰り温泉」、「道の駅 漢学の里しただ」

水の湧く氷結しない佐潟は多くの水鳥が集まってくる

砂丘の湖に多種多数の水鳥群が越冬する
佐潟（さかた）（新潟市西区）

湖面から飛び立ち水田に向かうコハクチョウ

1 ラムサール条約登録湿地 佐潟

　佐潟は越後平野西端の砂丘に形成された湖である。流入河川はなく、地下水で水位が維持されている。湖面にはハス、ヒシなどの水生植物が群生し、潟を囲むように松林が点在する。2000年、新潟県で最初にラムサール条約に登録された潟湖で、秋冬期には多くの水鳥が飛来する。潟に隣接して「佐潟水鳥・湿地センター」があり、佐潟の野鳥や自然について展示・解説している。センター脇の観察デッキからは佐潟を一望することができる。角田山と弥彦山を望む佐潟は上流側の上潟（うわか

た）と下潟（したかた）からなる。下潟を一周する観察路が整備されており、観察舎「潟見鳥（かたみどり）」からはヨシ原を飛翔するチュウヒ、カモを狙って飛行するオオタカなどの猛禽類を見ることができる。

2 頭上を飛行する迫力の羽ばたき

　10月上旬に渡ってくるコハクチョウは、11月になると4,000羽を越える。湖面でねぐらをとり、夜が明けると家族単位で飛び立つ。観察デッキの真上を飛ぶコハクチョウの「ギシギシ」という羽ばたき音と翼開長2mを越える大きさに圧倒される。

3 厳冬の湖面を覆う水鳥の群れ

　越後平野に雪が降り続き水田が雪に覆われる厳冬期、海岸近く積雪量の少ない佐潟に他の湖沼からハクチョウやガン類が集まり、湖面を覆うほどとなる。ハクチョウは1万羽という記録があり、ヒシクイ、マガンやカモ類が多く、オカヨシガモやトモエガモなど希少な種や、ミコアイサやカワアイサなど潜水採餌を行うカモも見られる。オジロワシの飛行に驚き、飛び交う数千羽のカモの群飛は圧巻である。

湖沼上空を飛ぶマガンの群れ

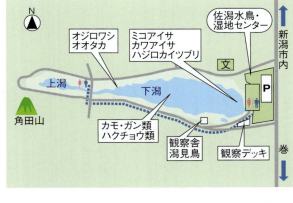

水に潜るカワアイサが水面で整羽する

冬の佐潟で見られる鳥：コハクチョウ、オオハクチョウ、ヒシクイ（亜種オオヒシクイ）、マガン、マガモ、コガモ、トモエガモ、オカヨシガモ、オナガガモ、カワアイサ、ミコアイサ、カンムリカイツブリ、ハジロカイツブリ、カワウ、オオバン、チュウヒ、オオタカ、オジロワシ、ハヤブサ、オオジュリンなど
おすすめの探鳥時期：10月から2月

探鳥会：佐潟水鳥・湿地センター主催 自然観察会
　　　　電話025-264-3050
日本野鳥の会新潟県　12月下旬開催
連絡先：事務局 桑原哲哉 電話025-792-0907

独特な助走を加えてミコアイサが飛び立つ

■アクセス
　自動車／北陸自動車巻・潟東ICまたは新潟西ICから車で
　　　　約30分、黒埼スマートICから約20分
　電　車／JR越後線越後赤塚駅から徒歩で約30分
　　　　JR越後線内野駅から車で約15分

厳冬期 佐潟の鳥のいる風景

厳冬の日本海の向こうに佐渡山脈が連なる

厳冬の日本海を生きる海鳥たち
寺泊港（長岡市）・出雲崎港（三島郡出雲崎町）

波しぶきのかかる岩礁に食物をさがすイソヒヨドリ（ヒタキ科）

1 厳冬の日本海に生きる海鳥

　北西の風が絶え間なく吹きつける厳冬の日本海。海鳥が食物を求めて荒れる波間に漂う。天候が比較的穏やかな日は海鳥は沖合で活動する。風雪が強くなると荒波を避けて沿岸の港に入ってくる。厳冬期の海鳥の探鳥はやや荒れた日がおすすめである。天候や路面状況に注意して安全に観察したい。

2 漁港で出会う鳥たち

　漁船が停泊する寺泊港および出雲崎港では、ウミアイサ、カンムリカイツブリ、ハジロカイツブリなど海中に潜って魚を捕らえる海鳥を観察することができる。寺泊、出雲崎の内湾波打ち際には、海藻を採食するコクガンが飛来している。

3 カモメ類をウオッチングする

　寺泊港から南へ向かうと海に面して寺泊水族館が見えてくる。水族館周辺は岩場とテトラポットに囲まれた岩礁の入り江になっている。風雪や高波を避けるように複数のカモメの仲間が群れているので、種類の違いを見てみよう。カモメの仲間のウミネコは最も個体数が多い。黄色い脚と先端が帯状に黒い尾羽が特徴である。脚がピンク色の大形カモメ類では、背中の灰色が濃いオオセグロカモメ、背中の灰色が薄いセグロカモメの両種が見られる。ユリカモメや北方系のワシカモメ、シロカモメなども見られることもある。基本種をしっかり識別しよう。

4 波がくだける岩礁を生きる鳥

　岩礁の波間では、ウミアイサが水中をのぞきながら岩の間を泳ぐ。シノリガモは小群で食物をさがす。岩礁や防波堤の上には、頭と背が鮮やかな青色のイソヒヨドリ（ツグミ科）が止まり、岩場に潜む虫などをさがす。

弥彦山や寺泊に日本海からの北西の風が吹く

漁港の波打ち際で海藻を採食するコクガン

カモメ類は食べられる物は何でも食べる　アカエイを食べるセグロカモメ

オオセグロカモメとウミネコの群れ　脚の色の違いで種類を識別する

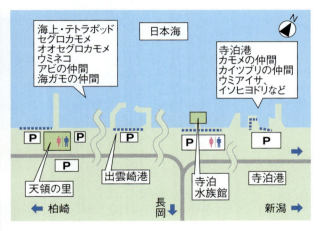

厳冬の寺泊港・出雲崎港で見られる鳥：ウミネコ、カモメ、セグロカモメ、オオセグロカモメ、ユリカモメ、アビ、オオハム、カンムリカイツブリ、ハジロカイツブリ、ミミカイツブリ、ウミウ、ヒメウ、コクガン、マガモ、シノリガモ、スズガモ、ウミアイサ、ハマシギ、ツグミ、ハクセキレイ、セグロセキレイ、クロサギ、トビ、ノスリ、イソヒヨドリなど

おすすめの探鳥時期：12月から2月
探鳥会：日本野鳥の会新潟県が2月上旬に開催

■アクセス
　自動車／寺泊港：北陸自動車道三条燕IC
　　　　　または中之島見附ICからいずれも約50分
　　　　　出雲崎港：西山ICから約20分
　長岡市立寺泊水族博物館　電話0258-75-4936
　出雲崎港 道の駅「越後出雲崎天領の里」

鳥の世界へ

本書は、野鳥の観察を始めたい方、自然に興味を持っている方に鳥に出会うための「4つのポイント」を紹介しています。

「いつ」 ……………………… 季節
「どこへ」 …………………… 場所
「どのように」 ……………… 方法
「どんな鳥がどのくらい」 …… 種類・個体数

探鳥地ガイド（本文）
・鳥が生息する環境の特徴を説明しています。
・代表的な鳥の種類と行動について写真と文章で説明しています。

アクセス・施設
・最寄り駅、または国道、高速自動車道からの時間を示してあります。
・駐車場とトイレ、野鳥の観察に利用できる施設を示しています。

○ 代表する鳥
・その場所で観察される鳥の種類について例示しています。

○ 探鳥コース
・代表的な観察コースを示しています。野鳥を観察するため、通常歩く時間の2倍の時間で設定しています。

○ おすすめの時期
・最も観察に適している時期を示しています。

地図
・探鳥地の環境（大きさ）に合わせて作成し、駐車場、トイレ、観察ポイント、観察コースを示しています。

自然の中の人と鳥　同じ立場で生きる……大切な観察マナー

鳥に出会うために……

　鳥は翼で移動する動物です。自分の周りに異変を感じると、すぐに隠れたり、飛んでいってしまいます。

　翼を持つ鳥たちを観察するためには、鳥の気持ちになって考えてみることが大切です。

　鳥に警戒心を与えないようなゆっくりした歩き方や、安心感を伝えられる距離や場所を選び、ルールを守って静かに観察し、特に写真を撮影する場合は十分に配慮するように心掛けましょう。

鳥に出会う4つのポイント

1 早朝観察がおすすめ

鳥たちは、一年を通していずれかの種に出会うことができる身近な生き物です。

鳥は早起きです。夜明けから活動を開始しますので、観察には早朝をおすすめします。

2 鳥がいる場所とは？

鳥が生きていくために必要なこと
○ 食べものがあること
○ 安全な（隠れる）場所があること

つまり、食べるものと隠れることのできる安全な場所のある環境が、鳥のいる場所です。
公園、学校、川岸、川沿いの道、池、近くの桜並木、海岸林など、水場のある場所が観察ポイントです（私有地は避けましょう）。

3 ホームグランドとマイ・フィールド

本書で紹介した場所をヒントに気軽に行ける場所（ホームグランド＆マイ・フィールド）を見つけましょう。

（1）ホームグランドは30分程度の距離、通学途中や通勤途中、散歩や買い物帰りに行ける場所が理想的です。

（2）マイ・フィールドは1時間くらいで定期的に出掛けられる場所。

4 図鑑＆双眼鏡＆探鳥会

（1）図鑑と双眼鏡を用意しましょう

図鑑は野外でも使用できるもの（フィールドガイド日本の野鳥など）、双眼鏡は8倍×対物レンズ径30㎜ぐらいが明るく見やすいです。

日本野鳥の会のバードウオッチングスターターセットは、双眼鏡とハンディ図鑑がセットになっていて使いやすいのでおすすめです。

（2）探鳥会に参加しましょう

「探鳥会」に参加しましょう。探鳥会はその場所が最も野鳥の観察に適している時に開催されます。気軽に探鳥会に参加してみましょう。図鑑や双眼鏡を選ぶ時に適切なアドバイスをもらえます。

くらべてみよう ものさし鳥

ものさし鳥は、身近にいる鳥で、他の鳥と比較に使える鳥です。鳥と出会って、「名前を知りたい！」と思った時に、大きさや色合いをものさし鳥と比べて図鑑などで調べて見ましょう。

ものさし鳥の例

スズメ14㎝　　ムクドリ24㎝　　キジバト33㎝　　ハシブトガラス55㎝

鳥の生活

鳥は種類によって、種特有の生活がある。鳥の種類の数だけ生活の様式があるといえる。ここでは、1年の生活を例示した。渡りの時期や繁殖期間は、種類により大きな差があるので、鳥の生活を見るひとつの目安とする。

群れ 2羽以上でいることを群れという。巣立った若鳥や繁殖を終えた鳥などが集まって行動する。種類や時期などによって群れの大きさは異なる。
混群 冬期に多く見られる複数の種類の群れ。シジュウカラ、ヒガラなどのカラの仲間にエナガ、コゲラ、ゴジュウカラなどが加わることもある。
ねぐら 鳥が夜間眠る場所。樹木やヨシ原などで、天敵に襲われないような安全な場所を選ぶ。
地鳴き 繁殖期に鳴くさえずりとは異なる。同種間の連絡を取り合う発声の仕方。

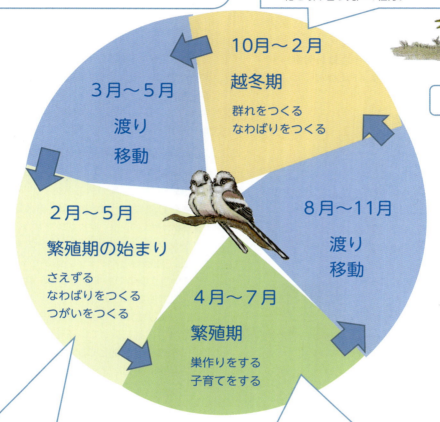

ムクドリの地鳴き

さえずり オスがなわばり占有を誇示する鳴き方。
ドラミング キツツキ類が行う誇示行動。くちばしで木の幹を打ち鳴らす。ヤマドリやキジは、翼を強く打ち震わせる「ほろ打ち」を行う。
なわばり（territory） 繁殖や採食場所確保のために、同じ種類の鳥や他の種類の鳥の侵入を防ぐ区域。繁殖期と越冬期では異なる。
求愛行動（display） 繁殖期のつがい（番）形成のための行動。オスがメスに対してエサを渡し（求愛給餌）、メスはエサをねだるように鳴いたりする。カモは、首を振ったり、水を跳ね飛ばしたりする。
ソングポスト 鳥がさえずる場所。木のこずえや電線など見通しがきく場所が多い。

※繁殖期に巣の近くで観察することは控えましょう

繁殖 卵を産み、雛を育てること。
托卵 ホトトギス科の鳥（カッコウなど）が他の鳥の巣に卵を産み、子育てをさせること。
つがい（番） 鳥が繁殖するために、オス、メスで婚姻形態を形成すること。鳥の婚姻システムは一夫一妻が多い。他に一夫多妻、一妻多夫、多夫多妻などさまざまな形態がある。
巣（営巣場所） 鳥が繁殖するための場所。卵を温め、ヒナを育て巣立ちさせるだけに使う。
巣材 繁殖期に巣を作るための素材・材料。種類によって巣材は異なる。
巣箱 鳥が住みつき繁殖しやすいように作成した箱で、主にシジュウカラやスズメなど本来樹洞で営巣する鳥が繁殖のために利用する。

ハヤブサの捕食行動

獲物を捕らえて飛行するハヤブサ

ハヤブサのハンティング
獲物を見つけると、翼をたたみ、時速250kmというスピードで急降下する。飛翔中のハトやヒヨドリなどに体ごとぶつかるように蹴り落として捕らえる。

食べ方について

捕食　他の動物を捕らえて食べること
採食　食物を探して食べること
空中採食
　木の枝などで待ち、虫が飛んでくるのと空中に飛び出して捕らえ、もとの枝に戻る、ヒタキ科などの小鳥類の捕食行動。
潜水採食
　水底にある食べ物を水中に潜って採ること。カモ科のキンクロハジロ、ホシハジロやアイサ類、カイツブリ類、ウの仲間、カワガラスなどが行う。
水面採食
　水面に浮かぶ浮遊性の餌を食べること。マガモ、コガモ、ハシビロガモ、ハクチョウなどで特徴的。
魚食性　魚を捕らえて食べること。
ペレット/ペリット（pellet）
　食物の未消化物をまとめて吐き出したもの。タカ類、フクロウ類、カワセミ類などが特徴的だが、ほとんどの鳥がペレットを吐き出す。

鳥の生息状況を知るための用語

カラ類 シジュウカラ、ヒガラ、ヤマガラ、コガラなどシジュウカラ科の鳥とエナガ科エナガ。冬の雪国を生きるために種を越えて混群という形態をとり、食べ物を見つける機会を増やし、捕食者から身を守ろうとする。

ムシクイ類 センダイムシクイ（ブナ林）、メボソムシクイ（亜高山帯）などムシクイ科の鳥。落葉広葉樹に生息し、葉を食べる虫をさがす。体羽が似ているので、秋の渡りの時期に種を識別することは難しい。

ヒタキ科 ヒタキ科はスズメ目の中で大きなグループを成す。主に樹上採食性のオオルリ属オオルリ、キビタキ属キビタキ、サメビタキ属コサメビタキなどをヒタキ類と呼ぶ。地上採食性のトラツグミ属トラツグミ、マミジロ、ツグミ属ツグミ、クロツグミ、アカハラ、シロハラなどを大型ツグミ類、ノゴマ属コルリ、コマドリ、ノゴマなどを小型ツグミ類と区別して観察している。

カモ類 かつてガンカモ類と呼ばれた。現在はハクチョウ類、ガン類、カモ類の3グループをカモ科としている。

水鳥 主に水辺、湿地、海などで観察される鳥。

猛禽類 ワシやタカ、ミサゴなどのタカ目、ハヤブサ目、フクロウ目など、脊椎動物を捕食する鳥の総称。

タカ類 かつてワシ・タカ類と呼ばれた。ワシとタカは同じ習性や特徴をもつ鳥の仲間で、くちばしや脚が強大である。

種（しゅ） 生物の分類上の基本的な単位。順に界→門→綱→目→科→属→種→亜種となる。
　（例）ヒシクイ：動物界→脊索動物門→鳥綱→カモ目→カモ科→マガン属→ヒシクイ→亜種オオヒシクイ

鳥の名前

学名 リンネによって体系化され、国際命名規約で定められた世界共通の生物の名前。二名法（属名と種小名の2語）で表し、ラテン語で表記する。

（例）コハクチョウ
　　Cygnus columbianus
　　（キュグヌス
　　コルムビアヌス）
　　Cygnus は
　　コハクチョウの属名
　　Columbianus は
　　コハクチョウの種小名

和名 鳥類の日本語名
　　（標準和名）

英名 鳥類の英語名

（例）学名　*Nipponia nippon*
　　和名　トキ
　　英名　Crested Ibis

分布について

生息場所 鳥が生活している環境。

鳥相（鳥類相） ある地域における鳥の生息状況のこと。主にどのような種類の鳥が繁殖し、どのような鳥が生息しているかを示す。

亜高山帯の鳥 植物の垂直分布帯の一つ。本州中部では、標高1,500m〜2,400mの間に生息する鳥。

日本特産種（固有種） 日本にだけ生息している鳥。日本では12種といわれている。新潟県では、ヤマドリ、アオゲラ、カヤクグリ、セグロセキレイなどが観察できる。

身近にいる日本の固有種
セグロセキレイ

羽から分かること

ヒナ（雛） 孵化してから羽が生えそろうまでの時期の鳥。巣立ち前の鳥。
　（雛→幼鳥→若鳥→成鳥）

幼鳥 巣立ちしてから、最初の羽替わりまでの間の幼い鳥。

若鳥 最初の羽替わりから、成鳥になるまでの鳥。

成鳥 羽色の変化が起こらない年齢に達した鳥

エクリプス カモ類における鮮やかな生殖羽に換羽する前の地味な羽色の状態

雄と雌の識別 ヒタキ類やカモ類など多くの種類で雌雄の羽色が異なるので、羽で雌雄を識別できる。

希少種、鳥の保護条約など

国鳥と県鳥　日本の国鳥：キジ　　新潟県の県鳥：トキ

天然記念物　新潟県　特別天然記念物：トキ、ライチョウ。天然記念物：イヌワシ、オジロワシ、マガン、ヒシクイ、水原のハクチョウ渡来地、粟島のオオミズナギドリおよびウミウ繁殖地　など。

レッドリスト　絶滅の恐れのある野生生物の種のリスト。

ラムサール条約　1971年にイランのラムサールで採択された「特に水鳥の生息地として国際的に重要な湿地に関する条約」。日本は1980年に批准し、世界77カ国が締結している。新潟県では佐潟、瓢湖、尾瀬が登録されている。

101

日本の鳥類　新潟県鳥類リスト

2018年1月31日現在

	和　　名	学　　名	記録覧
1	ライチョウ	*Lagopus muta*	
2	ウズラ	*Coturnix japonica*	
3	ヤマドリ	*Syrmaticus soemmerringii*	
4	キジ	*Phasianus colchicus*	
5	サカツラガン	*Anser cygnoides*	
6	ヒシクイ	*Anser fabalis*	
7	ハイイロガン	*Anser anser*	
8	マガン	*Anser albifrons*	
9	カリガネ	*Anser erythropus*	
10	インドガン	*Anser indicus*	
11	ハクガン	*Anser caerulescens*	
12	シジュウカラガン	*Branta hutchinsii*	
13	コクガン	*Branta bernicla*	
14	コハクチョウ	*Cygnus columbianus*	
15	オオハクチョウ	*Cygnus cygnus*	
16	ツクシガモ	*Tadorna tadorna*	
17	アカツクシガモ	*Tadorna ferruginea*	
18	オシドリ	*Aix galericulata*	
19	オカヨシガモ	*Anas strepera*	
20	ヨシガモ	*Anas falcata*	
21	ヒドリガモ	*Anas penelope*	
22	アメリカヒドリ	*Anas americana*	
23	マガモ	*Anas platyrhynchos*	
24	カルガモ	*Anas zonorhyncha*	
25	ハシビロガモ	*Anas clypeata*	
26	オナガガモ	*Anas acuta*	
27	シマアジ	*Anas querquedula*	
28	トモエガモ	*Anas formosa*	
29	コガモ	*Anas crecca*	
30	オオホシハジロ	*Aythya valisineria*	
31	ホシハジロ	*Aythya ferina*	
32	アカハジロ	*Aythya baeri*	
33	メジロガモ	*Aythya nyroca*	
34	クビワキンクロ	*Aythya collaris*	
35	キンクロハジロ	*Aythya fuligula*	
36	スズガモ	*Aythya marila*	
37	コスズガモ	*Aythya affinis*	
38	シノリガモ	*Histrionicus histrionicus*	
39	ビロードキンクロ	*Melanitta fusca*	
40	クロガモ	*Melanitta americana*	
41	ヒメハジロ	*Bucephala albeola*	
42	ホオジロガモ	*Bucephala clangula*	

	和　　名	学　　名	記録覧
43	ミコアイサ	*Mergellus albellus*	
44	カワアイサ	*Mergus merganser*	
45	ウミアイサ	*Mergus serrator*	
46	コウライアイサ	*Mergus squamatus*	
47	カイツブリ	*Tachybaptus ruficollis*	
48	アカエリカイツブリ	*Podiceps grisegena*	
49	カンムリカイツブリ	*Podiceps cristatus*	
50	ミミカイツブリ	*Podiceps auritus*	
51	ハジロカイツブリ	*Podiceps nigricollis*	
52	アカオネッタイチョウ	*Phaethon rubricauda*	
53	サケイ	*Syrrhaptes paradoxus*	
54	カラスバト	*Columba janthina*	
55	キジバト	*Streptopelia orientalis*	
56	シラコバト	*Streptopelia decaocto*	
57	アオバト	*Treron sieboldii*	
58	アビ	*Gavia stellata*	
59	オオハム	*Gavia arctica*	
60	シロエリオオハム	*Gavia pacifica*	
61	ハシジロアビ	*Gavia adamsii*	
62	コアホウドリ	*Phoebastria immutabilis*	
63	フルマカモメ	*Fulmarus glacialis*	
64	シロハラミズナギドリ	*Pterodroma hypoleuca*	
65	オオミズナギドリ	*Calonectris leucomelas*	
66	ハイイロミズナギドリ	*Puffinus griseus*	
67	ハシボソミズナギドリ	*Puffinus tenuirostris*	
68	アカアシミズナギドリ	*Puffinus carneipes*	
69	アナドリ	*Bulweria bulwerii*	
70	クロコシジロウミツバメ	*Oceanodroma castro*	
71	コシジロウミツバメ	*Oceanodroma leucorhoa*	
72	オーストンウミツバメ	*Oceanodroma tristrami*	
73	ハイイロウミツバメ	*Oceanodroma furcata*	
74	ナベコウ	*Ciconia nigra*	
75	コウノトリ	*Ciconia boyciana*	
76	オオグンカンドリ	*Fregata minor*	
77	コグンカンドリ	*Fregata ariel*	
78	アオツラカツオドリ	*Sula dactylatra*	
79	アカアシカツオドリ	*Sula sula*	
80	カツオドリ	*Sula leucogaster*	
81	ヒメウ	*Phalacrocorax pelagicus*	
82	チシマウガラス	*Phalacrocorax urile*	
83	カワウ	*Phalacrocorax carbo*	
84	ウミウ	*Phalacrocorax capillatus*	
85	ハイイロペリカン	*Pelecanus crispus*	
86	サンカノゴイ	*Botaurus stellaris*	

	和　名	学　名	記録覧
87	ヨシゴイ	*Ixobrychus sinensis*	
88	オオヨシゴイ	*Ixobrychus eurhythmus*	
89	リュウキュウヨシゴイ	*Ixobrychus cinnamomeus*	
90	タカサゴクロサギ	*Ixobrychus flavicollis*	
91	ミゾゴイ	*Gorsachius goisagi*	
92	ゴイサギ	*Nycticorax nycticorax*	
93	ササゴイ	*Butorides striata*	
94	アカガシラサギ	*Ardeola bacchus*	
95	アマサギ	*Bubulcus ibis*	
96	アオサギ	*Ardea cinerea*	
97	ムラサキサギ	*Ardea purpurea*	
98	ダイサギ	*Ardea alba*	
99	チュウサギ	*Egretta intermedia*	
100	コサギ	*Egretta garzetta*	
101	クロサギ	*Egretta sacra*	
102	カラシラサギ	*Egretta eulophotes*	
103	トキ	*Nipponia nippon*	
104	ヘラサギ	*Platalea leucorodia*	
105	クロツラヘラサギ	*Platalea minor*	
106	ソデグロヅル	*Grus leucogeranus*	
107	カナダヅル	*Grus canadensis*	
108	マナヅル	*Grus vipio*	
109	タンチョウ	*Grus japonensis*	
110	クロヅル	*Grus grus*	
111	ナベヅル	*Grus monacha*	
112	シマクイナ	*Coturnicops exquisitus*	
113	クイナ	*Rallus aquaticus*	
114	シロハラクイナ	*Amaurornis phoenicurus*	
115	ヒメクイナ	*Porzana pusilla*	
116	ヒクイナ	*Porzana fusca*	
117	ツルクイナ	*Gallicrex cinerea*	
118	バン	*Gallinula chloropus*	
119	オオバン	*Fulica atra*	
120	オオジュウイチ	*Hierococcyx sparverioides*	
121	ジュウイチ	*Hierococcyx hyperythrus*	
122	ホトトギス	*Cuculus poliocephalus*	
123	セグロカッコウ	*Cuculus micropterus*	
124	ツツドリ	*Cuculus optatus*	
125	カッコウ	*Cuculus canorus*	
126	ヨタカ	*Caprimulgus indicus*	
127	ハリオアマツバメ	*Hirundapus caudacutus*	
128	アマツバメ	*Apus pacificus*	
129	ヒメアマツバメ	*Apus nipalensis*	
130	タゲリ	*Vanellus vanellus*	

	和　名	学　名	記録覧
131	ケリ	*Vanellus cinereus*	
132	ムナグロ	*Pluvialis fulva*	
133	ダイゼン	*Pluvialis squatarola*	
134	ハジロコチドリ	*Charadrius hiaticula*	
135	イカルチドリ	*Charadrius placidus*	
136	コチドリ	*Charadrius dubius*	
137	シロチドリ	*Charadrius alexandrinus*	
138	メダイチドリ	*Charadrius mongolus*	
139	オオメダイチドリ	*Charadrius leschenaultii*	
140	オオチドリ	*Charadrius veredus*	
141	コバシチドリ	*Charadrius morinellus*	
142	ミヤコドリ	*Haematopus ostralegus*	
143	セイタカシギ	*Himantopus himantopus*	
144	ソリハシセイタカシギ	*Recurvirostra avosetta*	
145	ヤマシギ	*Scolopax rusticola*	
146	アオシギ	*Gallinago solitaria*	
147	オオジシギ	*Gallinago hardwickii*	
148	ハリオシギ	*Gallinago stenura*	
149	チュウジシギ	*Gallinago megala*	
150	タシギ	*Gallinago gallinago*	
151	オオハシシギ	*Limnodromus scolopaceus*	
152	シベリアオオハシシギ	*Limnodromus semipalmatus*	
153	オグロシギ	*Limosa limosa*	
154	オオソリハシシギ	*Limosa lapponica*	
155	コシャクシギ	*Numenius minutus*	
156	チュウシャクシギ	*Numenius phaeopus*	
157	ハリモモチュウシャク	*Numenius tahitiensis*	
158	ダイシャクシギ	*Numenius arquata*	
159	ホウロクシギ	*Numenius madagascariensis*	
160	ツルシギ	*Tringa erythropus*	
161	アカアシシギ	*Tringa totanus*	
162	コアオアシシギ	*Tringa stagnatilis*	
163	アオアシシギ	*Tringa nebularia*	
164	カラフトアオアシシギ	*Tringa guttifer*	
165	クサシギ	*Tringa ochropus*	
166	タカブシギ	*Tringa glareola*	
167	キアシシギ	*Heteroscelus brevipes*	
168	ソリハシシギ	*Xenus cinereus*	
169	イソシギ	*Actitis hypoleucos*	
170	キョウジョシギ	*Arenaria interpres*	
171	オバシギ	*Calidris tenuirostris*	
172	コオバシギ	*Calidris canutus*	
173	ミユビシギ	*Calidris alba*	
174	ヒメハマシギ	*Calidris mauri*	

	和　名	学　名	記録覧		和　名	学　名	記録覧
175	トウネン	Calidris ruficollis		219	ウミバト	Cepphus columba	
176	ヨーロッパトウネン	Calidris minuta		220	ケイマフリ	Cepphus carbo	
177	オジロトウネン	Calidris temminckii		221	マダラウミスズメ	Brachyramphus perdix	
178	ヒバリシギ	Calidris subminuta		222	ウミスズメ	Synthliboramphus antiquus	
179	ヒメウズラシギ	Calidris bairdii		223	カンムリウミスズメ	Synthliboramphus wumizusume	
180	アメリカウズラシギ	Calidris melanotos		224	ウミオウム	Aethia psittacula	
181	ウズラシギ	Calidris acuminata		225	コウミスズメ	Aethia pusilla	
182	サルハマシギ	Calidris ferruginea		226	エトロフウミスズメ	Aethia cristatella	
183	ハマシギ	Calidris alpina		227	ウトウ	Cerorhinca monocerata	
184	ヘラシギ	Eurynorhynchus pygmeus		228	ツノメドリ	Fratercula corniculata	
185	キリアイ	Limicola falcinellus		229	エトピリカ	Fratercula cirrhata	
186	コモンシギ	Tryngites subruficollis		230	ミサゴ	Pandion haliaetus	
187	エリマキシギ	Philomachus pugnax		231	ハチクマ	Pernis ptilorhynchus	
188	アカエリヒレアシシギ	Phalaropus lobatus		232	トビ	Milvus migrans	
189	ハイイロヒレアシシギ	Phalaropus fulicarius		233	オジロワシ	Haliaeetus albicilla	
190	レンカク	Hydrophasianus chirurgus		234	オオワシ	Haliaeetus pelagicus	
191	タマシギ	Rostratula benghalensis		235	クロハゲワシ	Aegypius monachus	
192	ツバメチドリ	Glareola maldivarum		236	チュウヒ	Circus spilonotus	
193	シロアジサシ	Gygis alba		237	ハイイロチュウヒ	Circus cyaneus	
194	ミツユビカモメ	Rissa tridactyla		238	マダラチュウヒ	Circus melanoleucos	
195	ヒメクビワカモメ	Rhodostethia rosea		239	ツミ	Accipiter gularis	
196	ユリカモメ	Larus ridibundus		240	ハイタカ	Accipiter nisus	
197	ズグロカモメ	Larus saundersi		241	オオタカ	Accipiter gentilis	
198	ウミネコ	Larus crassirostris		242	サシバ	Butastur indicus	
199	カモメ	Larus canus		243	ノスリ	Buteo buteo	
200	ワシカモメ	Larus glaucescens		244	オオノスリ	Buteo hemilasius	
201	シロカモメ	Larus hyperboreus		245	ケアシノスリ	Buteo lagopus	
202	カナダカモメ	Larus thayeri		246	カラフトワシ	Aquila clanga	
203	セグロカモメ	Larus argentatus		247	カタシロワシ	Aquila heliaca	
204	オオセグロカモメ	Larus schistisagus		248	イヌワシ	Aquila chrysaetos	
205	ニシセグロカモメ	Larus fuscus		249	クマタカ	Nisaetus nipalensis	
206	オオアジサシ	Sterna bergii		250	オオコノハズク	Otus lempiji	
207	コアジサシ	Sterna albifrons		251	コノハズク	Otus sunia	
208	コシジロアジサシ	Sterna aleutica		252	フクロウ	Strix uralensis	
209	セグロアジサシ	Sterna fuscata		253	キンメフクロウ	Aegolius funereus	
210	アジサシ	Sterna hirundo		254	アオバズク	Ninox scutulata	
211	キョクアジサシ	Sterna paradisaea		255	トラフズク	Asio otus	
212	クロハラアジサシ	Chlidonias hybrida		256	コミミズク	Asio flammeus	
213	ハジロクロハラアジサシ	Chlidonias leucopterus		257	ヤツガシラ	Upupa epops	
214	トウゾクカモメ	Stercorarius pomarinus		258	アカショウビン	Halcyon coromanda	
215	クロトウゾクカモメ	Stercorarius parasiticus		259	ヤマショウビン	Halcyon pileata	
216	シロハラトウゾクカモメ	Stercorarius longicaudus		260	カワセミ	Alcedo atthis	
217	ハシブトウミガラス	Uria lomvia		261	ヤマセミ	Megaceryle lugubris	
218	ウミガラス	Uria aalge		262	ブッポウソウ	Eurystomus orientalis	

	和 名	学 名	記録覧
263	アリスイ	*Jynx torquilla*	
264	チャバラアカゲラ	*Dendrocopos hyperythrus*	
265	コゲラ	*Dendrocopos kizuki*	
266	オオアカゲラ	*Dendrocopos leucotos*	
267	アカゲラ	*Dendrocopos major*	
268	アオゲラ	*Picus awokera*	
269	ヤマゲラ	*Picus canus*	
270	チョウゲンボウ	*Falco tinnunculus*	
271	アカアシチョウゲンボウ	*Falco amurensis*	
272	コチョウゲンボウ	*Falco columbarius*	
273	チゴハヤブサ	*Falco subbuteo*	
274	シロハヤブサ	*Falco rusticolus*	
275	ハヤブサ	*Falco peregrinus*	
276	ヤイロチョウ	*Pitta nympha*	
277	サンショウクイ	*Pericrocotus divaricatus*	
278	コウライウグイス	*Oriolus chinensis*	
279	オウチュウ	*Dicrurus macrocercus*	
280	サンコウチョウ	*Terpsiphone atrocaudata*	
281	チゴモズ	*Lanius tigrinus*	
282	モズ	*Lanius bucephalus*	
283	アカモズ	*Lanius cristatus*	
284	オオモズ	*Lanius excubitor*	
285	オオカラモズ	*Lanius sphenocercus*	
286	カケス	*Garrulus glandarius*	
287	オナガ	*Cyanopica cyanus*	
288	カササギ	*Pica pica*	
289	ホシガラス	*Nucifraga caryocatactes*	
290	コクマルガラス	*Corvus dauuricus*	
291	ミヤマガラス	*Corvus frugilegus*	
292	ハシボソガラス	*Corvus corone*	
293	ハシブトガラス	*Corvus macrorhynchos*	
294	ワタリガラス	*Corvus corax*	
295	キクイタダキ	*Regulus regulus*	
296	ツリスガラ	*Remiz pendulinus*	
297	コガラ	*Poecile montanus*	
298	ヤマガラ	*Poecile varius*	
299	ヒガラ	*Periparus ater*	
300	キバラガラ	*Periparus venustulus*	
301	シジュウカラ	*Parus minor*	
302	ヒゲガラ	*Panurus biarmicus*	
303	ヒメコウテンシ	*Calandrella brachydactyla*	
304	コヒバリ	*Calandrella cheleensis*	
305	ヒバリ	*Alauda arvensis*	
306	ハマヒバリ	*Eremophila alpestris*	

	和 名	学 名	記録覧
307	ショウドウツバメ	*Riparia riparia*	
308	ツバメ	*Hirundo rustica*	
309	コシアカツバメ	*Hirundo daurica*	
310	イワツバメ	*Delichon dasypus*	
311	ヒヨドリ	*Hypsipetes amaurotis*	
312	ウグイス	*Cettia diphone*	
313	ヤブサメ	*Urosphena squameiceps*	
314	エナガ	*Aegithalos caudatus*	
315	ムジセッカ	*Phylloscopus fuscatus*	
316	カラフトムジセッカ	*Phylloscopus schwarzi*	
317	カラフトムシクイ	*Phylloscopus proregulus*	
318	キマユムシクイ	*Phylloscopus inornatus*	
319	オオムシクイ	*Phylloscopus examinandus*	
320	メボソムシクイ	*Phylloscopus xanthodryas*	
321	エゾムシクイ	*Phylloscopus borealoides*	
322	センダイムシクイ	*Phylloscopus coronatus*	
323	メジロ	*Zosterops japonicus*	
324	マキノセンニュウ	*Locustella lanceolata*	
325	シマセンニュウ	*Locustella ochotensis*	
326	オオセッカ	*Locustella pryeri*	
327	エゾセンニュウ	*Locustella fasciolata*	
328	オオヨシキリ	*Acrocephalus orientalis*	
329	コヨシキリ	*Acrocephalus bistrigiceps*	
330	セッカ	*Cisticola juncidis*	
331	キレンジャク	*Bombycilla garrulus*	
332	ヒレンジャク	*Bombycilla japonica*	
333	ゴジュウカラ	*Sitta europaea*	
334	キバシリ	*Certhia familiaris*	
335	ミソサザイ	*Troglodytes troglodytes*	
336	ギンムクドリ	*Spodiopsar sericeus*	
337	ムクドリ	*Spodiopsar cineraceus*	
338	コムクドリ	*Agropsar philippensis*	
339	ホシムクドリ	*Sturnus vulgaris*	
340	カワガラス	*Cinclus pallasii*	
341	マミジロ	*Zoothera sibirica*	
342	トラツグミ	*Zoothera dauma*	
343	カラアカハラ	*Turdus hortulorum*	
344	クロツグミ	*Turdus cardis*	
345	マミチャジナイ	*Turdus obscurus*	
346	シロハラ	*Turdus pallidus*	
347	アカハラ	*Turdus chrysolaus*	
348	ツグミ	*Turdus naumanni*	
349	ノハラツグミ	*Turdus pilaris*	
350	コマドリ	*Luscinia akahige*	

	和　名	学　名	記録覧
351	オガワコマドリ	*Luscinia svecica*	
352	ノゴマ	*Luscinia calliope*	
353	コルリ	*Luscinia cyane*	
354	シマゴマ	*Luscinia sibilans*	
355	ルリビタキ	*Tarsiger cyanurus*	
356	ジョウビタキ	*Phoenicurus auroreus*	
357	ノビタキ	*Saxicola torquatus*	
358	クロノビタキ	*Saxicola caprata*	
359	イナバヒタキ	*Oenanthe isabellina*	
360	ハシグロヒタキ	*Oenanthe oenanthe*	
361	イソヒヨドリ	*Monticola solitarius*	
362	エゾビタキ	*Muscicapa griseisticta*	
363	サメビタキ	*Muscicapa sibirica*	
364	コサメビタキ	*Muscicapa dauurica*	
365	マミジロキビタキ	*Ficedula zanthopygia*	
366	キビタキ	*Ficedula narcissina*	
367	ムギマキ	*Ficedula mugimaki*	
368	オジロビタキ	*Ficedula albicilla*	
369	オオルリ	*Cyanoptila cyanomelana*	
370	イワヒバリ	*Prunella collaris*	
371	ヤマヒバリ	*Prunella montanella*	
372	カヤクグリ	*Prunella rubida*	
373	ニュウナイスズメ	*Passer rutilans*	
374	スズメ	*Passer montanus*	
375	イワミセキレイ	*Dendronanthus indicus*	
376	ツメナガセキレイ	*Motacilla flava*	
377	キガシラセキレイ	*Motacilla citreola*	
378	キセキレイ	*Motacilla cinerea*	
379	ハクセキレイ	*Motacilla alba*	
380	セグロセキレイ	*Motacilla grandis*	
381	マミジロタヒバリ	*Anthus richardi*	
382	コマミジロタヒバリ	*Anthus godlewskii*	
383	ヨーロッパビンズイ	*Anthus trivialis*	
384	ビンズイ	*Anthus hodgsoni*	
385	セジロタヒバリ	*Anthus gustavi*	
386	ムネアカタヒバリ	*Anthus cervinus*	
387	タヒバリ	*Anthus rubescens*	
388	アトリ	*Fringilla montifringilla*	
389	カワラヒワ	*Chloris sinica*	
390	マヒワ	*Carduelis spinus*	
391	ベニヒワ	*Carduelis flammea*	
392	コベニヒワ	*Carduelis hornemanni*	
393	ハギマシコ	*Leucosticte arctoa*	
394	ベニマシコ	*Uragus sibiricus*	

	和　名	学　名	記録覧
395	アカマシコ	*Carpodacus erythrinus*	
396	オオマシコ	*Carpodacus roseus*	
397	ギンザンマシコ	*Pinicola enucleator*	
398	イスカ	*Loxia curvirostra*	
399	ナキイスカ	*Loxia leucoptera*	
400	ウソ	*Pyrrhula pyrrhula*	
401	シメ	*Coccothraustes coccothraustes*	
402	コイカル	*Eophona migratoria*	
403	イカル	*Eophona personata*	
404	ツメナガホオジロ	*Calcarius lapponicus*	
405	ユキホオジロ	*Plectrophenax nivalis*	
406	シラガホオジロ	*Emberiza leucocephalos*	
407	ホオジロ	*Emberiza cioides*	
408	シロハラホオジロ	*Emberiza tristrami*	
409	ホオアカ	*Emberiza fucata*	
410	コホオアカ	*Emberiza pusilla*	
411	キマユホオジロ	*Emberiza chrysophrys*	
412	カシラダカ	*Emberiza rustica*	
413	ミヤマホオジロ	*Emberiza elegans*	
414	シマアオジ	*Emberiza aureola*	
415	シマノジコ	*Emberiza rutila*	
416	ズグロチャキンチョウ	*Emberiza melanocephala*	
417	チャキンチョウ	*Emberiza bruniceps*	
418	ノジコ	*Emberiza sulphurata*	
419	アオジ	*Emberiza spodocephala*	
420	クロジ	*Emberiza variabilis*	
421	シベリアジュリン	*Emberiza pallasi*	
422	コジュリン	*Emberiza yessoensis*	
423	オオジュリン	*Emberiza schoeniclus*	
424	ミヤマシトド	*Zonotrichia leucophrys*	
425	キガシラシトド	*Zonotrichia atricapilla*	
426	サバンナシトド	*Passerculus sandwichensis*	

鳥類リストの順番は「日本鳥類目録 改訂第7版」に準拠した。

引用・参考文献
日本鳥類目録　改訂第7版（2012）
新潟県の鳥　新潟県鳥類目録（2010）
トキの島の野鳥　佐渡島鳥類目録（2015）
日本野鳥の会新潟県会報
新潟県野鳥愛護会会報

野鳥や自然に関する施設　野鳥観察に出かけるために

新潟県愛鳥センター紫雲寺さえずりの里　新発田市藤塚浜海老池　電話：0254-41-4500
鳥の標本が数多く展示されていて、自然や野生鳥獣に関する知識を深め、広く学ぶことができる。講演会、年間を通じての探鳥会、自然観察会等を開催している。けがをした鳥など傷病鳥獣の保護を行っている。

瓢湖水きん公園　阿賀野市水原313-1　電話0250-62-2690
観察舎ではハクチョウ、カモ類を間近に観察できる。資料館「白鳥の里」では白鳥の保護、歴史、生態を知ることができる。瓢湖周辺の自然を大型パネル、大型モニターを使って紹介している。

水の駅「ビュー福島潟」　新潟市北区前新田乙493　電話：025-387-1491
福島潟と人との関わりの歴史、福島潟に生息する野鳥、オオヒシクイの生態について展示・解説している。 福島潟探鳥会、自然観察会などを開催している（詳細はビュー福島潟に問い合わせ、またはホームページ参照）。

新潟県立自然科学館　新潟市中央区女池南3丁目1番1号　電話：025-283-3331
館の屋上から鳥屋野潟の野鳥を観察する探鳥会を開催している。日本産トキの標本、トキの生態、ブナ林の環境と生物の紹介などの展示がある。日本野鳥の会新潟県と共催で野鳥講演会、野鳥写真展を開催している。（ホームページ参照）

新潟県立鳥屋野潟公園　新潟市中央区鐘木451　電話：025-284-4720
鳥屋野潟に隣接する公園（女池地区、鐘木地区）には大きな森があり、春と秋の季節にはたくさんの種類の小鳥類が渡っていく。鳥屋野潟公園管理事務所が探鳥会、自然観察会などを開催している。

佐潟水鳥・湿地センター　新潟市西区赤塚5404-1　電話：025-264-3050
ラムサール条約登録湿地佐潟の自然や野鳥について展示があり、佐潟の解説を聞くことができる。「佐潟自然散歩」、「佐潟探鳥散歩」など定期的な観察会を開催している（詳細はセンターに問い合わせ）。

新潟県立浅草山麓エコ・ミュージアム　魚沼市大白川字浅草山1501　電話：025-798-4141
エコセンターでは浅草岳山麓に生息する自然や動物、野鳥などについて展示解説を行っている。（冬季閉鎖）

十日町市立里山科学館 越後松之山「森の学校」キョロロ　十日町市松之山松口1712-2　電話：025-595-8311
地域の自然から文化に至るまで様々な情報や資料を収蔵・展示し、探鳥会や生き物調査などを実施している。

妙高高原ビジターセンター　妙高市関川2248-4（池の平 いもり池）電話：0255-86-4599
妙高高原の動物、植物、地形・地質などについて展示・解説。火打山に生息する特別天然記念物ライチョウの生態について知ることができる。探鳥会、自然観察会を開催している。

佐渡トキの森公園　佐渡市新穂長畝383番地2　電話：0259-22-4123
トキ資料展示館では、トキの生態や保護の歴史について展示・解説。トキふれあいプラザでは、大型飼育ケージの中で、トキの生活や生態を観察することができる。

野鳥に関する質問や問い合わせ

日本野鳥の会新潟県　事務局　桑原哲哉　新潟県魚沼市中家974　電話：025-792-0907
メールアドレス kuwataki@abeam.ocn.ne.jp

年間を通し探鳥会を開催。野鳥講演会、野鳥会報発行、新潟県鳥類目録の編さんと管理、野鳥の調査・研究、保護活動を行っている。

和 名 索 引

アオゲラ	29、31、41、49、51、55、57、89、91
アオサギ	25、27、47、59、67、75、77
アオジ	21、23、65
アオバズク	51
アオバト	31、41、51
アカアシチョウゲンボウ	19
アカゲラ	6、23、27、29、31、39、41、43、49、51、55、69、81、89、91
アカショウビン	8、31、45、49
アカハラ	21、29、55
アトリ	25、89
アビ	95
アマサギ	59、67
アマツバメ	57、69
イカル	29、55、69
イカルチドリ	25
イソシギ	25、39
イソヒヨドリ	19、63、95
イヌワシ	13、33、44、69、89
イワツバメ	44、55
イワヒバリ	57
ウグイス	21、23、29、39、45、65、69
ウソ	44、57、89
ウミアイサ	95
ウミウ	63、95
ウミネコ	63、95
エゾビタキ	65、69
エゾムシクイ	21
エナガ	21、23、41、49、51、55、65、89、91
オオアカゲラ	31、33、41、43、49、89
オオコノハズク	19
オオジュリン	75、93
オオセグロカモメ	95
オオタカ	23、69、71、75、77、79、81、93
オオハクチョウ	75、77、79、81、83、91、93
オオハム	95
オオバン	77、81、93
オオミズナギドリ	63
オオヨシキリ	25、27、29、47
オオルリ	9、21、23、31、33、37、39、41、43、45、49、51、65、69
オオワシ	75
オカヨシガモ	77、93
オシドリ	25、31、33、39、41、51
オジロワシ	75、77、79、81、93
オナガ	81

オナガガモ	75、77、79、81、85、91、93
カイツブリ	25、27、47、81
カケス	19、69、89
カシラダカ	25、44
カッコウ	29、33、47
カモメ	95
カヤクグリ	57
カルガモ	25、27、29、47、59、81、85
カワアイサ	25、77、85、93
カワウ	25、27、47、75、93
カワガラス	33、39、43、49、91
カワセミ	25、27、39、47、59
カワラヒワ	67
カンムリカイツブリ	47、77、81、93、95
キアシシギ	67
キクイタダキ	55、57、89
キジ	27、81
キジバト	65、81
キセキレイ	25、31、33、39、41、43、45、49
キバシリ	41、55、57
キビタキ	21、23、29、31、33、37、39、41、43、45、49、51、55、65、69
キンクロハジロ	69、77、79、85
クイナ	81
クマタカ	15、31、33、41、49、89
クロサギ	95
クロジ	21、32、43、45、55、57、65
クロツグミ	21、29、31、32、39、45、49、51
ケアシノスリ	75
ケリ	67
ゴイサギ	59、67
コウライウグイス	19
コガモ	27、69、75、77、79、81、85、91、93
コガラ	41、45、55、89
コクガン	95
コゲラ	23、27、29、41、51、55、81、89
コサギ	27、47、59、67
コサメビタキ	29、31、41、51、55、65
ゴジュウカラ	31、33、49、55、57、89
コチドリ	25
コチョウゲンボウ	75
コノハズク	44、49
コハクチョウ	67、75、77、79、81、83、91、93
コマドリ	21、32、57、65
コミミズク	67、81

コムクドリ	21、25	ハシビロガモ	75、79、85
コルリ	21、29、32、43、45、55、57、65	ハシブトガラス	89
サカツラガン	19	ハジロカイツブリ	77、81、93、95
ササゴイ	59	ハチクマ	31、33、39、41、43、45、51、55、69、71
サシバ	23、31、33、39、41、43、51、69、71	ハマシギ	67、95
サメビタキ	65、69	ハヤブサ	19、51、63、69、71、75、77、81、91、93
サンコウチョウ	51、65	ハリオアマツバメ	69
サンショウクイ	21、29、31、32、39、41、45、51、69	バン	47、59
シジュウカラ	23、27、29、55、65、89、91	ヒガラ	21、41、43、49、55、57、89
シジュウカラガン	74	ヒシクイ	67、75、77、79、81、93
シノリガモ	95	ヒドリガモ	77、79
シメ	81	ヒバリ	25、27、67
ジュウイチ	33、43、45、55	ヒメウ	95
ショウドウツバメ	69	ヒヨドリ	21
ジョウビタキ	27、91	ビンズイ	21、44
シロカモメ	95	フクロウ	7、44、51、55
シロハラ	67	ブッポウソウ	31
スズガモ	95	ベニマシコ	65
スズメ	59、91	ホオジロ	23、25、39、41、45
セグロカモメ	95	ホシガラス	57
セグロセキレイ	25、39、77、91、95	ホシハジロ	69、77、79、85
センダイムシクイ	21、23、31、32、39、41、45	ホトトギス	29、33、39、41、45、51、65
ダイサギ	27、47、59、67、75、77	マガモ	27、69、75、77、79、81、85、91、93、95
タカブシギ	67	マガン	67、75、77、93
タゲリ	67、75、77	マヒワ	89
タシギ	67、75、77	マミジロ	21、29、44、57
チゴハヤブサ	69	ミコアイサ	77、79、81、85、93
チュウサギ	47、59、67	ミサゴ	11、25、47、51、63、69、77、81
チュウヒ	75、77、79、81、93	ミソサザイ	33、39、41、43、45、49、57、81
チョウゲンボウ	67、71、75	ミミカイツブリ	95
ツグミ	25、44、67、91、95	ムクドリ	27
ツツドリ	23、31、33、41、45、51	ムナグロ	67
ツバメ	25、27、47、59、67、69	メジロ	21、23、27、69
ツミ	69、71	メボソムシクイ	44、57
トキ	19	モズ	27、47
トビ	27、95	ヤイロチョウ	19
トモエガモ	77、93	ヤブサメ	21、23
トラフズク	65、81	ヤマガラ	21、23、29、31、39、43、49、51、65、89
ニュウナイスズメ	21、25、29、31、33、67	ヤマセミ	14、39、43、49、91
ノジコ	21、29、31、33、39、41、45、69	ヤマドリ	41
ノスリ	19、25、29、33、41、43、45、49、55、67、69、71、75、77、81、95	ユリカモメ	95
ノビタキ	25、65、67	ヨシガモ	77、79
ハイイロチュウヒ	75	ヨシゴイ	59
ハイタカ	12、41、49、69、89	ヨタカ	49
ハギマシコ	89	ライチョウ	57
ハクガン	77	ルリビタキ	10、21、32、57
ハクセキレイ	25、27、39、95	ワシカモメ	95

参 考 文 献

石部 久（1985）ヤマセミの飛ぶ渓谷　大日本図書

石部 久（1988）小さなハヤブサの飛ぶ街　大日本図書

石部 久（1995）ハクチョウのくびはなぜながい　大日本図書

岡田成弘（2004）日本の探鳥地 関東・甲信越・北陸編 12-27　文一総合出版

環境省（2007-2017）ガンカモ類の生息調査 第39-48回　環境省

環境省（2015）平成27年度重要生態系監視地域モニタリング推進事業 ガンカモ類調査業務2014/15年 調査報告書　環境省

高野伸二（2015）フィールドガイド日本の野鳥 増補改訂新版　財団法人日本野鳥の会

千葉 晃・高辻 洋（2012）新潟市日和山浜の埋め立て地で観察されたコシジロウズラシギ 日本鳥学会誌 61:296-298

千葉 晃（2016）越後平野の潟湖と野生鳥類の生活「鳥のくらしと水辺の環境」講演要旨

千葉 晃・本間隆平（2007）新潟県の野鳥180種　新潟日報事業社

中村登流（1972）森のひびき　大日本図書

中村登流（1976）鳥の世界　思索社

中村登流（1986）検索入門 野鳥の図鑑 陸の鳥1、2　水辺の鳥1、2　保育社

中村登流（1988）森と鳥と　信濃毎日新聞社

中村登流 監修（1994）雪国上越の鳥　上越鳥の会

中村登流・中村雅彦（1995）日本野鳥生態図鑑 ＜水鳥編＞ ＜陸鳥編＞　保育社

中村雅彦 監修（2008）雪国上越の鳥を見つめて　上越鳥の会

中村雅彦 監修（2016）フィールドガイド朝日池・鵜の池の野鳥　上越鳥の会

新潟県（2014）新潟県第2次レッドリスト（新潟県の保護上重要な野生生物の種のリスト）鳥類編　新潟県

新潟県野鳥愛護会 会報 野鳥新潟 新潟県野鳥愛護会

新潟市（1991）新潟市史 資料編12 自然 鳥類 208-245　新潟市

新潟市（2014）日本最大の越冬地福島潟のオオヒシクイ　新潟市 水の駅「ビュー福島潟」

日本鳥学会 日本鳥学会誌 日本鳥学会

日本鳥学会（2012）日本鳥類目録 改訂第7版　日本鳥学会

日本野鳥の会（2012）新・山野の鳥、水辺の鳥 改訂第7版　財団法人日本野鳥の会

日本野鳥の会（1981）バードウォッチング 財団法人日本野鳥の会

日本野鳥の会（1991）日本の探鳥地 東日本編　財団法人日本野鳥の会

日本野鳥の会佐渡支部 会報 いそひよ 日本野鳥の会佐渡支部

日本野鳥の会佐渡支部（2015）トキの島の野鳥　佐渡島鳥類目録 日本野鳥の会佐渡支部

日本野鳥の会新潟県 会報 野鳥 日本野鳥の会新潟県

日本野鳥の会新潟県支部（1997）雪国の鳥を訪ねて　新潟日報事業社

日本野鳥の会新潟県支部（2010）新潟県の鳥 新潟県鳥類目録　新潟雪書房

樋口広芳（2005）鳥たちの旅—渡り鳥の衛星追跡日本の鳥の世界　日本放送協会

樋口広芳・黒沢令子 編・著（2009）鳥の自然史—空間分布をめぐって　北海道大学出版会

樋口広芳（2013）日本のタカ学：生態と保全　東京大学出版会

樋口広芳（2014）日本の鳥の世界　平凡社

日高敏隆 監修（1997）日本動物大百科 鳥類Ⅰ・Ⅱ　平凡社

フランク・B．ギル 著、山岸 哲 監修、山階鳥類研究所 訳（2009）鳥類学　新樹社

文一総合出版（2007）イヌワシとクマタカ 54-57　文一総合出版

本間隆平 監修（2003）白鳥と水辺の鳥　阿賀野市・瓢湖の白鳥を守る会

水谷高英・叶内拓哉（2017）フィールド図鑑 日本の野鳥　文一総合出版

渡部 通（2002）新潟県東蒲原地方におけるキバシリの分布と繁殖習性 Strix Vol.20 23-29 日本野鳥の会

監 修 著 者

監修・著者 　石 部 　久 （いしべ ひさし）
　　　　　　1950年　新潟県生まれ
　　　　　　上越教育大学大学院修了 動物生態学専攻
　　　　　　専門 動物生態学 鳥類群集生態学
　　　　　　主論文『ヤマセミの行動生態学的研究』
　　　　　　公益財団法人 日本野鳥の会 評議員
　　　　　　日本野鳥の会新潟県 会長

　　　　　　著書 『ヤマセミの飛ぶ渓谷』大日本図書 　『小さなハヤブサの飛ぶ街』
　　　　　　大日本図書 　『ハクチョウのくびはどうしてながい』大日本図書 　他

　　　　　　新潟県の小学校、中学校、理科教育センターで理科教育指導にあたる。
　　　　　　元 阿賀津川中学校校長
　　　　　　日本野鳥の会 　日本鳥学会 　新潟県野鳥愛護会 会員

著 者 　　　岡 田 成 弘 （おかだ なりひろ）
　　　　　　1959年　新潟県生まれ
　　　　　　北里大学水産学部卒業 環境生態学専攻
　　　　　　株式会社加島屋 取締役
　　　　　　日本野鳥の会新潟県 副会長

　　　　　　専門 動物生態学
　　　　　　雪国に生息するフクロウ科トラフズクの生態、ハクチョウ類の越冬生態、
　　　　　　カンムリカイツブリの生態を研究している。
　　　　　　北太平洋を回遊するマスノスケ（キングサーモン）、ベニザケ、シロザケ 等
　　　　　　サケ科魚類の生態を研究している。

　　　　　　著書 『日本の探鳥地 関東・甲信越・北陸編』 （共著） 文一総合出版
　　　　　　日本野鳥の会 　日本鳥学会 　日本魚類学会 会員

著 者 　　　桑 原 哲 哉 （くわばら てつや）
　　　　　　1959年　千葉県生まれ
　　　　　　東海大学教養学部 卒業
　　　　　　日本野鳥の会新潟県 副会長

　　　　　　専門 里山鳥類学
　　　　　　サシバなど猛禽類の生態、里山鳥類の形態と生態について研究している。

　　　　　　新潟県の公立学校教員として30年間勤め、その間に雪国を生きる鳥たちの懸
　　　　　　命な姿に心を惹かれ、鳥類の研究、形態や生態についての講演、探鳥会指導
　　　　　　を行っている。日本野鳥の会新潟県の事務局長を兼務し、自然保護活動に取
　　　　　　り組んでいる。鳥類に関する執筆多数。
　　　　　　日本野鳥の会 　日本鳥学会 会員

編集後記

　雪国に生きる鳥たちの姿を伝え、期待と夢をもって自然の中に出掛けていただきたいと願いこの本を作成しました。鳥のいる風景を四季の絵に描き、自然の中に生きる鳥の生態を季節といっしょに取り込むように写真を撮りました。紹介した探鳥地と同じような環境、季節であれば、同じような種類の鳥に出会うことができます。近くのフィールドで探してみてください。さまざまな事情によって自然の中へ飛び出せない人にも自然の彩りが伝わるよう構成しました。本書を通じて自然に親しむ人が増え、生き物たちと人がいつまでも共存できる豊かな社会が続くことを願ってやみません。

　本書の作成にあたり、監修していただいた石部久先生に心より御礼を申し上げます。先生のご指導なくして本書の出版は成し遂げられませんでした。出版にあたり新潟日報事業社の羽鳥歩氏、田宮千裕氏に大変お世話になりました。ありがとうございました。

2018 年 オオヤマザクラの咲く季節に

岡田 成弘　桑原 哲哉

雪国の四季を生きる鳥 新潟県野鳥観察ガイド

2018（平成 30）年 6 月 9 日　　初版第 1 刷発行

監修・著者　石部　久
著　者　岡田成弘／桑原哲哉
発 行 者　渡辺英美子
発 行 所　株式会社 新潟日報事業社
　　　　　〒 950-8546　新潟市中央区万代 3-1-1
　　　　　メディアシップ 14 階
　　　　　TEL 025-383-8020 FAX 025-383-8028
　　　　　http://www.nnj-net.co.jp
印　　刷　三条印刷 株式会社

本書のコピー、スキャン、デジタル化等の無断複製は著作権上での例外を除き禁じられています。本書を代行業者等の第三者に依頼してスキャンやデジタル化することは、たとえ個人や家庭内での利用であっても著作権上認められておりません。

© Hisashi Ishibe,Narihiro Okada,Tetsuya Kuwabara 2018,Printed in Japan
落丁・乱丁本はお取り替えいたします。
定価はカバーに表示してあります。
ISBN978-4-86132-681-3